空中森林步道
设计理论探析

森海林端漫步

郗光发　曹丽雯　牟少华　李　伟　孙　钊◎著

U0177650

中国林业出版社
CF-PH China Forestry Publishing House

图书在版编目（CIP）数据

空中森林步道设计理论探析：森海林端漫步 / 郄光发等著 . --
北京：中国林业出版社，2022.6
ISBN 978-7-5219-1680-5

Ⅰ . ①空… Ⅱ . ①郄… Ⅲ . ①森林公园－公园道路－设计 Ⅳ .
① TU986.42

中国版本图书馆 CIP 数据核字 (2022) 第 079098 号

责任编辑 于界芬　徐梦欣		**电话** （010）83143542

出版发行　中国林业出版社有限公司
　　　　　　（100009 北京西城区德内大街刘海胡同 7 号）

网　　址　http://www.forestry.gov.cn/lycb.html
印　　刷　北京博海升彩色印刷有限公司
版　　次　2022 年 6 月第 1 版
印　　次　2022 年 6 月第 1 次印刷
开　　本　787mm×1092mm　1/16
印　　张　9
字　　数　152 千字
定　　价　86.00 元

FOREWORD 前言

　　空中森林步道是一种特殊形式的步道，建于森林资源优良的森林公园内，穿梭于森林冠层之间，是人们感受森林之美、体验森林之味、回归自然之源的绝佳游览路径。特别是在城市化日趋发达的今天，空中森林步道更好地满足了人们日常健身锻炼、休闲观光游憩和身心健康调节等功能需求，受到了社会大众的普遍喜爱，是目前步道建设的新趋势。

　　近几年，我们一直关注空中森林步道的研究和发展，目前国内外已建成的空中森林步道数量还相对较少。国内建成的大型空中森林步道已有6条，其中福建省、广东省发展基础相对较好，龙岩市的莲花山栈道、福州市的福道和金鸡山揽城栈道、深圳市的香蜜公园空中森林步道、佛山市的华盖山空中森林步道都依山傍城而建，给广大市民带来了极好的体验。空中森林步道的益处显而易见，一是体验感好，路面相对平缓，坡度较小，台阶较少且大都有无障碍设施，适于不同年龄段和不同身体状况的人群使用；二是新鲜感强，既因数量少成为人们猎奇的景点，又因在林冠层行走视线开阔，给游人带来了"鸟瞰森林"的非凡体验；三是生态康养价值高，林冠层空气清洁度相对更高，穿梭于青山碧树之中，让人有置身于大自然的"天然氧吧"之感。同时，空中森林步道建设也存在一定的局限性，一是选址要求高，除了要有良好的森林条件之外，还要有一定的山势地形才能呈现出好的观感体验效果；二是建设难度大，依山而建线路设计相对复杂，地基结构和安全标准要求较高；三是投资成本大，每公里动辄数千万元，只有在城区和人流量大的景区才能获得较高的投资回报率和产生良好的社会效益。另外，空中森林步道建设整体仍处在起步阶段，没有专门的标准可以借鉴，建设形式也主要基于传统游步道设计，在林冠空间营造、景观开合度、步道坡度、康养元素设置、立体安全体系等方面还没有明确的规范可以参考，亟需开展相关理论和实践探索工作。

本书在对国内外关于步道的研究基础上，对空中森林步道进行了深入探究，通过采用文献研究、案例分析、实地调查、线上线下问卷与访问调查等方法，分析了国内外关于空中森林步道的研究现状和现存问题，总结了空中森林步道的特点与主要承载功能。同时，分析了游客的行为学特征、喜好特征与需求特征，以及关键要素参数的主观性特征，以多功能的视角解析了我国空中森林步道的规划与设计要点和发展前景。并在此基础上，提出空中森林步道的设计原则，构建了空中森林步道综合设计因素体系，探讨了空中森林步道规划设计中的关键要素指标及其最适参数，最终构建了综合要素指标体系，并完成空中森林步道的模拟规划。本研究成果可以为今后我国空中森林步道的建设提供理论参考和实践依据。

本书编写历时 3 年多，凝聚了众多人的辛劳和智慧。在本书编写之初，恰逢河南省南阳市商请中国林业科学研究院合作开展森林康养研究与技术推广工作，宝天曼空中森林康养步道设计被纳入其中作为一项合作内容，并给予了大力的支持和帮助。在编写和实地调研过程中，中国林业科学研究院分党组书记叶智给予了很多指导性意见，并参与了有关森林步道康养相关研讨活动；清华大学建筑设计研究院城乡生态景观规划设计研究中心团队参与了调研和设计研讨工作；中国林业科学研究院院省合作办公室张艺华主任先后多次参与调研，并做了大量的协调沟通工作；高杨、马子鑫、廖云燕三位研究生开展了宝天曼森林康养步道的具体设计工作；南阳市林业局、宝天曼国家级自然保护区管理局和宝天曼生态文化旅游区的有关领导和技术人员也在调研和设计工程中给予了很好的意见和帮助。在此一并表示感谢。

由于著者能力有限，书中不足之处在所难免，敬请广大读者批评指正。

著 者
2021 年 12 月

CONTENTS　**目　录**

第一章

森林与人类康养

　　有人说，人类从森林里走来，最后又回到森林。从历史的角度看，森林康养是一种文明的进步，但从文化的角度看，森林康养又是人类生命必然的回归。可以说，森林不仅是我们的物质家园，也是我们的精神家园，特别是在城市化日益发展的今天，回归森林已经成为我们心底深层的呼唤。

　　森林是一个巨大的"能量库"，除了具有巨大生态功能以外，对人体也具有调养、减压和治疗等作用，可促进人体身心健康。早在中国古代，人们就认识到了森林与身心健康的关系，并将研究成果纳入到中医、择居易理以及托物言志的文学创作之中（郄光发，2011）。与此同时，西方国家在17世纪也开始倡导以"森林浴""园艺疗法"等为代表的森林保健生活方式。随着现代临床医学、行为心理学、生态学和生物科学的交叉与融合发展，森林保健生理与心理学的研究方法和手段不断创新，并在许多领域取得了较大进展和重要发现。

第一节　森林与人体生理健康

一、森林富氧环境

　　森林环境中空气的含氧量相对较高，一个成年人每天需要呼吸 0.75kg O_2，排除 0.9kg CO_2，一般情况下 $10m^2$ 的阔叶林就可以满足一个人的用氧需求（李梓辉，2002）。现代研究表明，森林游憩活动可以显著提高人体的血氧含量和心肺负荷水平。对 232 个研究对象的试验结果表明，森林游憩之后，游人血氧饱和度平均升高 0.81%，每分种通气量降低 0.81L，手指温度升高 0.82 ℃，同时其 R–R 间隔降低 0.08s，平均心率、最小心率和最大心率分别降低 3.25、5.32 和 7.23bpm（房城，2010）。一般来讲，血氧含量升高可以使人精神振奋，更有活力（严新忠，2005）。手指温度升高表明手指血流量增大，手指平滑肌松弛，人体情绪渐趋平稳和放松（张秀阁，2003）。而每分种通气量、心率和 R–R 间隔的降低则能在一定程度上说明呼吸效率增强，心脏跳动渐趋平稳（邓树勋，1999），从而改善心肺功能，提高人体的生理健康状态。

二、森林空气洁净度

森林中的空气清洁度明显优于其他地区，负离子含量水平较高，可吸入颗粒物含量较低。空气负离子被誉为"空气中的维生素"，一般而言，当空气中的负离子浓度达到 1000~2000 个 /cm³ 时，才能维持健康的基本需求；当负离子浓度达到 5000 个 /cm³ 以上时，能增强人体免疫力及抗菌力。地面上的空气负离子主要来源于森林中树冠、枝叶的尖端放电以及绿色植物光合作用中光电效应，森林覆盖率越高的地区其空气负离子浓度越高。目前，负离子已被医学界公认为是具有杀灭病菌及净化空气能力的有效武器，其机理主要在于负离子与细菌（通常带正电）结合后，使细菌产生结构改变或能量转移，导致细菌死亡，最终降沉于地面。另据现代医学研究表明，利用负离子进行疾病疗法不仅能够使氧自由基无毒化，也能使酸性的生物体组织及血液和体液由酸性变成弱碱性，有利于血氧输送、吸收和利用，促使机体生理作用旺盛，新陈代谢加快，提高人体免疫能力，增强人体机能，调节肌体功能平衡。

与此同时，树木叶片本身也具有显著的滞尘净化效果，大气尘埃是城市空气中的主要污染物，这些悬浮于空气中的尘埃可能含有重金属、致癌物和细菌病毒等对人体健康造成极大威胁的物质。植物叶片因其表面（如茸毛和蜡质表皮等）可以截取和固定大气尘埃，使其脱离大气环境而成为净化城市的重要过滤体，从而减少可吸入颗粒物在人体肺泡中的沉积，降低其对人体健康的危害。

三、森林小气候

森林能够通过遮挡和反射太阳辐射、蒸散降温等作用调节小气候，从而改善人体舒适度。虽然森林的这种小气候效应会随着当地气象因素、海拔高度、绿化覆盖率、郁闭度、绿化树种及其生长状况的不同而有所变化，但一般来讲，覆盖率高、郁闭度大、树种叶面积多、长势好、林地层次结构明显的森林，改善小气候效应明显。森林环境可以有效降低紫外线对人体皮肤的伤害，减少皮肤中因直射光而产生的色素沉积，并能有效调节干热地区的环境温湿度水平，降低人体皮肤温度。另外，森林环境对荨麻疹、丘疹、水疱等过敏反应也具有良好的预防效果。

四、森林挥发物

树木在其生理过程中会释放出大量的挥发性物质，其中包含松脂、丁香酸、柠檬油、肉桂油等很多对环境和人体健康有益的物质，这些物质大都具有杀菌、抗炎和抗癌等作用，被称为植物精气，也叫"芬多精"。据测定，在森林覆盖率较高的山区，每立方米空气中细菌的含量仅为闹市区的 1/50 左右。植物精气虽然在植物体内含量甚微，但却具有很高的生理活性，与人体健康关系密切。植物精气主要包含倍半萜烯、单萜烯和双萜 3 种成分，并以不同比例存在于植物体内，大都具有抗菌、抗癌和抗微生物等保健特性，并能促进生长激素的分泌（吴楚材，2006）。

此外，植物精气还能增强人体神经系统的兴奋性和敏感程度，可以使人在森林中保持头脑清醒而又充满活力；同时，植物精气也能影响人体的注意过程，可使人体敏捷性下降，使人体紧张缓解，从而得到放松（Angioy A M，2003）。我国学者高岩利用多导电生理技术研究了人体在嗅闻树木精气后生理指标的变化（高岩，2005），研究发现人体在嗅闻松、柏等针叶植物精气后，精神处于相对放松的状态，紧张得到缓解，情绪变得松弛。另外，日本医科大学还对 37~55 岁的成年人进行了森林浴对人体免疫力的影响研究，发现森林浴可使大多数受试人体免疫细胞数目增多，并使具有抗癌作用的蛋白质含量增加，能使人体免疫力整体提升 50%。

五、绿视率

人们通常将绿色面积占视域面积的百分比称为"绿视率"。本项目组在研究中发现，人们对步行街道空间绿视率的满意程度随着绿视率的增加而不断提高，当绿视率低于 5% 时评价为"非常不满"，绿视率在 5%~13% 时评价为"不满"，绿视率在 13%~20% 时评价为"一般"，绿视率在 20%~40% 时评价为

"良好";绿视率高于 40% 时评价为"满意"(李明霞,2018)。一般认为,绿视率达到 25% 以上时能对眼睛起到较好保护作用(吴立蕾,2009)。森林通常具有较高的绿视率,绿色的森林环境可使人体紧张的情绪得到稳定,使人血流减缓,呼吸均匀,并有利于减轻心脏病和心脑血管病的危害。另外,森林绿色环境还有助于缓解视疲劳,改善视力状况。与城市建筑相比,森林对光的反射程度明显要低,仅为建筑墙体的 10%~15% 左右。强光辐射污染是现代城市人视网膜疾病和老年性白内障的重要杀手,而森林环境可使疲劳视神经得到逐步恢复,并能显著提高视力和有效预防近视(李成,2003)。

第二节　森林与人体心理健康

一、森林享用方式

　　心境是指一种使人的所有情感体验都感染上某种色彩的较持久而又微弱的情绪状态,可以反映个体的心理健康状况。瑞典科学家对瑞典 9 大城市开放绿地与人体心理健康关系的研究表明,森林能对人的心境状态产生积极的影响,并且这种影响不受居民的年龄、性别、身份等因素的限制,但与居民距离绿地的远近、享用次数和是否拥有私家花园等因素关系密切,享用公园次数越多、绿地离家越近或拥有私家花园的人,其心理压力明显要小,心境健康状况明显要高。与此同时,我国近期的有关研究还进一步发现,游人的心境健康状况还与其在森林中的游览季节、停留时间、到达方式和到达时刻等因子存在较大关系。一般来讲,游客在春、秋两季游赏森林时心境状况明显好于夏、冬季节;一天内,中午 12:00~14:00 时和傍晚 18:00 时以后进入森林,游客的心境状况相对较差;同时,2~4 小时是游客心理愉悦感最强的游览时长。另外,游客入园前的便利舒适程度对其心境健康的影响也较大,离园较近的步行入园游客和远距离私家车前往游客的心境健康指数要明显好于乘坐公共交通和自行车前往游客的水平。可以看出,绿地享用方式会在一定程度上对游客的心境健康产生重要影响。

二、园艺体验活动

园艺疗法（Horticultura Therapy），又称植物疗法（P1ant Therapy）、芳香疗法（Aroma Therapy）、药草疗法（Phytotherapy），是起源于17世纪末的一门集园艺、医学和心理学于一体的新兴边缘交叉研究。近年来，在许多国家和地区迅速发展。1973年美国成立园艺治疗学会（简称AHTA），1978年英国成立园艺疗法协会（简称HT），1995年日本成立园艺心理疗法研究会。另外，瑞典、德国、韩国和我国的香港、台湾地区也都建立了许多园艺治疗基地，专门利用植物栽植、植物养护管理等园艺体验活动对不同人群进行心理疏导和调整工作。不少研究已经证实，园艺体验疗法能够帮助病人减轻压力、疼痛以及改善情绪，甚至能使监狱中犯人的敌意和易怒情绪得到显著改观。从目前国内外研究来看，园艺疗法对人们心理的影响主要表现在以下几个方面：①可以消除不安心理与急躁情绪。在绿色环境中散步眺望，能使病人心态安静（卓东升，2005）。②可以增强忍耐力与注意力。由于园艺的对象是有生命的树木花草，在进行园艺活动时要求慎重并有持续性，长期进行园艺活动无疑会培养忍耐力与注意力。③可以通过植物渲染气氛，进而影响人的心情。一般来讲，红花使人产生激动感，黄花使人产生明快感，蓝花、白花使人产生宁静感。因此鉴赏花木，可以刺激调节松弛大脑（Gonzalez M T，2009）。④可以帮助病人树立自信心。自己培植的植物开花结果会使劳作者在满足内心的同时增强自信心，这对于失去生活自信的精神病患者具有明显的治疗效果（Jan H，2006）。⑤可以使人增加活力。园艺活动可使病人，特别是精神病患者忘却烦恼，产生疲劳感，加快入睡速度，起床后精神更加充沛（Dorit K H，2010）。

三、森林活动

森林还给城市居民提供了举办活动、聚会的方便场所，良好的自然环境可以使人心态平和。在森林中一同游憩和观赏，在游玩中进行交流，可以促进家庭和睦，也可以使朋友之间的友谊得到升华。同时，在森林游憩中参加各种活动，还能结识新朋友，拓展交际和朋友圈，提高团队精神和社交能力，有效改善内部人际关系。另外，通过对森林的游览和使用，还可使居民产生热爱自然、保护环境的理念，树立爱护一草一木的道德观念，培养其环境美意识和习惯。

随着人们休闲保健意识的增强，森林康养作为一种非传统医学手段的理疗方式正被越来越多的人所喜爱。特别是随着疗养医学、保健生理学、保健心理学的不断发展，越来越多的学者也从原来的单纯对疾病发病机理、治疗手段的研究开始转向环境对健康的影响研究。"森林浴""园艺疗法"等一系列以健康环境为治疗手段的"绿色"疗法也逐渐被医学专家所认可。为此，日本医学界还专门尝试创立了"森林医学"，试图从医学角度阐释森林的治疗与康复效果。国内有些医院也在临床应用上证明了"森林浴"疗法对患者病情改善的作用，基于森林保健生理与心理学的森林康养研究在很大程度上迎合了现代都市人对绿色保健的追求，正日益成为世界范围内广泛关注的热点。

四、小 结

从目前国内外学者的研究状况来看，大多数研究还仅集中在个体水平上，研究方法相对粗放，特别是在器官、细胞水平上的保健机理研究相对缺乏，尚未形成成熟的森林保健生理与心理学理论体系。虽然目前有很多研究采用了医学与森林生态学相结合的研究方法，但对森林康养因子与人体生理指标之间的内在联系研究不够深入，还难以确定森林康养因子就是人体生理指标变化的内在诱因。同时，国内外的很多研究由于受测试仪器、试验条件、评价体系和标准等因素的影响，研究结果间可比性不强，时空变化规律一致性较差。可以看出，森林保健心理与生理学的研究虽然起步较早，但由于其涉及领域较多，研究手段复杂，现有研究只能在某个方面验证森林的某些康养效果，还难以形成一个完整的森林康养理论体系。

与此同时，森林康养产业伴随着我国的快速城市化进程应运而生，蓬勃发展。目前全国已建立各级森林公园2458处，森林已成为城市居民康养旅游的一项首选内容。而现有森林公园的建设多以景观打造为主，对森林康养资源的开发和利用不足。虽然目前我国也有部分学者已开始关注森林康养资源的开发与利用工作，但相关研究不够深入，现有研究成果还难以支撑森林康养的开发需求。森林康养资源的开发与利用正成为一项迫在眉睫的工作，亟须相关的理论知识加以科学的指导和规范。因此，今后应当继续加强生物科学与生态学、医学、心理学等有关学科的融合，在更深、更广的层次上开展森林康养机理的基础与应用研究工作，以便更好地发挥森林在改善人体身心健康上的突出作用。

第二章

空中森林步道的兴起与发展

　　森林步道是人们走进自然、感受自然、享受森林康养的最直接途径。近年来，随着经济的快速发展和人们对生活质量要求的不断提高，人们开始更多地选择能够回归自然、亲近自然的绿色生活方式。为了让人们以更加轻松的心态来观赏自然，以更安全的运动方式来合理健身，以更科学的方式来进行康养活动，森林步道系统的规划建设越来越受到重视。森林步道通常作为一种线形绿色开敞空间，通常沿着河滨、溪谷、山脊、风景带等自然道路和人工廊道建立，可以供行人和骑行者使用。特别是随着步道建设形式越来越多样化，空中森林步道更以其独特新颖的结构，更亲密的接触空间成为近年来森林步道建设的一种热门类型，受到大众的喜爱。

第一节　相关概念和特点

　　空中森林步道是森林步道的一种特殊结构形式，空中森林步道由森林冠层和步道双要素构成。

一、概念

（一）森林冠层与步道

　　森林冠层是由森林群落的树冠组成的集合体，是森林生态系统中的重要组成部分，承载了地球上大约40%的现存物种（其中有10%为森林冠层特有种），素有地球上的"第八大洲"之称。森林冠层是森林与外界环境相互作用中，最为直接和活跃的关键生态界面，其对气候变化和人为干扰高度敏感，在维持生态系统的多样性、弹性和功能等方面起着关键的作用。森林冠层在森林生态系统中作用独特，对小气候环境起着重要的促进作用，局部小气候能够直接影响置身其中的游人的舒适度，所以建设于森林冠层位置的空中森林步道较地面步道来讲，有更好的环境小气候条件，更加有助于人体的健康。

步道是一个风景区整个交通结构的重要构成要素和组成部分，在风景区中常被称为游步道，即具有游览功能的步行道，既具有道路的功能，也是风景区的一处独特的风景。同时，步道还是游人视觉与身心体验的实体和载体。根据大量相关文献的阅读总结发现，步道的概念存在着较多的差异性，对其进行归纳总结，主要有以下几种：

从国外的相关研究来看，一般将步道定义为：用于步行、骑行（自行车、马）或其他形式的娱乐、运输通道。2010年颁布的《国家登山健身步道标准》中，将步道定义为相对于跑道，步道就是行走的道路；将健身步道定义为以健身为基本目的的步道。2017年颁布的《国家森林步道建设规范》中，将森林步道定义为以森林资源为主要依托，以徒步旅行为主，也可利用其他非机动方式通行的带状休闲空间。

从步道的相关研究来看，步道的定义可分为广义游步道和狭义游步道两种类型。广义的游步道是指使游人能够到达风景区内的各个景点或是观景点的所有道路或交通线，如普通的步行小径，通往各景点及观景点的公路、水路以及直升机航线等（朱怡诺，2016）；狭义的游步道则仅是指风景区中连接各个景点及观景点的步行道路，包括风景区内原始的道路，以及人工修建的步行道路（罗明春等，2003）。另外，还有学者将步道定义为只可以步行，不能通机动车的小路。同时，也指绿色的景观线路，可供游人和自行车骑行者徜徉其间，形成与自然生态环境密切结合的带状景观斑块走廊。步道是指一定区域范围内行人专用的道路系统，指引游人进入游憩区、观景区，以探索大自然、欣赏独特的自然或人文景观（吴明添，2007）。

（二）空中森林步道

空中森林步道是森林步道的一种特殊结构形式。空中森林步道建设于森林资源优良的风景区或各类森林公园内，区别于普通森林步道的建设形式，是一种立体的步行系统，采用架空的形式，将步道悬于地面，且主要穿行于森林冠层空间，把不同的游人置于同一竖直走向的空间中，再通过相关的媒介让他们彼此关联，且互不阻碍，使人们能够安全地享受步行游憩的乐趣，便捷地享受丰富的森林资源。

二、空中森林步道主要特点

根据国内外相关的案例分析，将不同空中森林步道案例的特点进行研究分析，进而总结出空中森林步道所具有的典型特点。

（一）生态康养价值高

空中森林步道的建设很好地利用了森林资源，且主要的穿行空间为林冠层，空气清洁度较高，穿梭于青山碧树之中，让人有置身于大自然的"天然氧吧"之感。国内有研究表明，短时间接触森林环境会对个体的心理和生理产生积极影响（龚梦柯，2017）。空中森林步道作为一种重要的穿林路径，不仅对城市生态景观的保护具有重要意义，同时对人居环境的改善、人们的休闲游憩起着重要作用，具有较高的生态康养价值。

（二）适宜人群广

空中森林步道路面相对平缓，坡度较小，在高差较大之处采用盘旋上升、增加步道长度等相对平缓的处理方式，减小步道落差。同时，较少使用阶梯设计或阶梯高度相对较低，使其适于不同年龄段的人群使用。另外，多数空中森林步道的建设秉承无障碍的基本设计原则，使人们行走舒适、轻松，适宜不同年龄层、不同类型的游客。

（三）景观丰富度高

空中森林步道建设于森林冠层位置，且多依山势而建，位置较高，视线开阔。相较于普通的平地步道，空中森林步道的景观更为丰富多样，很好地解决了市区与郊区的绿色开放区域分散，欠缺系统性连续，且景观类型单一，缺乏零距离亲近大自然的问题。

（四）安全性高

空中森林步道具有较强的安全性。首先，步道具有游览指引性，在步道的建设初期，其选线工作主动避开了危险区域，具有一定的安全性。其次，最为重要的是空中森林步道建于森林冠层，受诸如蚊虫、鼠疫、蜱传疾病等某些有毒有害因素的危害性较小，具有较高的安全性。

（五）降噪效果佳

噪声对生物的生存环境有较大影响。空中森林步道建设于森林冠层位置，具有良好的降噪效果，并且能够有效地控制观赏者的移动方式，多数以步行的方式为主，从而减少噪音对生物的影响。空中森林步道的建设不仅使人类有更多的机会接触自然，又能很好地保持森林的内在活力，从而有效地保护动物栖息地。

第二节　国内外空中森林步道发展

一、国外空中森林步道发展

美国与英国较早地对于城镇休闲步道的规划与设计给予了关注与研究。其中，美国是世界上最先提出步道概念的国家，具有最为成熟的步道规划建设经验。早在 1921 年，由设计师本顿·麦凯（Benton Mackaye）规划设计，修建了"阿巴拉契亚游径"（Hesselbarth W et al.，2004），这是美国国土上第一条较长的步道，并于 1923 年正式在纽约开通了第一个路段。1958 年，美国开始开展对户外游憩的针对性研究，并成立户外游憩局（Charles I，1995）。后于 1965 年，约翰逊（Lyndon Baines Johnson）总统倡导在美国各地区建立发展与保护相协调的步道系统（The White House，1965）。1966 年，美国国家公园管理处首次作出了关于步道全球范围内的研究，还制定了有关步道系统的相关法律保护措施，对其建设制定了统一的标准与规范，内容涵盖多个方面（张自衡，2017）。1968 年，美国国会制定了《国家步道体系法》（National Trails System Act，NTSA），约翰逊总统签署了《国家步道系统法案》，同时将阿巴拉契亚国家步道（Appalachian Trail）纳为首条国家风景步道，并开始太平洋山脊国家步道的建设。该法案在 1978 年、1983 年、1999 年和 2009 年进行了修订，但基本框架保持不变，是美国国家步道设立、管理、投资、运营和维护的根本法律依据（丁洪建等，2017）。关于对步道的规划与研究，美国一直都在不断地更新，随后于 1991 年又提出了《国家休闲步道资金法案》等（洛林·LaB·施瓦茨等，2009），将步道的规划建设规范进一步明确，成立了国家休闲步道信托资金（National Recreation Trail Trust），为美国各州的步道建设与管理提供资金资助。1993 年，美国设立"国家步道日"（National Trails Day），于每年 6 月的第一个星期六开展专门的纪念、庆祝活动（American HiKing Society，2013）。至今已出台多部具有代表性的步道技术规范，为步道的建设提供了有力的技术及资金保障。另外，美国还成立了美国步道组织（American Trail），是美国唯一一个代表步道爱好者和利益相关者全国性的非营利组织，其目标与任务是发展高品质、多样化的步道和绿道建设，丰富人们的游憩生活。美国国家休闲步道体系遍及全美 50 个州、哥伦比亚特区及波多黎各（Share America，2014），总长度约 96600km。

第二次世界大战后，英国的工业发展急剧加速。为了保护具有英国本土特色的地区不被破坏，国家公园、风景区、远足路线运动等都得到了一定的发展（钱洛阳，2009）。英国的乡村局于 1965 年开始进行休闲步道的规划与建设，并完成了奔宁线国家步道的建设任务。自此之后，英国步道系统网络逐步发展起来，现已建有 3 种不同形式的步道，分别是国家步道、游憩步道、无标志步道，总长达 18000km（徐克帅等，2008）。

国外对于步道的研究与建设要点虽已经较为完善，但是对于空中森林步道这种新兴的步道形式的针对性研究却并不多，关于建设空中森林步道的案例却较为广泛。德国是建设空中森林步道最为广泛且成熟的国家。2009 年，在巴伐利亚州建设了世界上首个空中森林步道，被称为 Baumwipferpfad，译为"树顶之路"，长 1300m，步道高度在 8~25m 之间，使人们可以很便捷地从空中领略自然美景。随后又在德国图林根的海尼希国家公园建立空中森林步道，又叫"树冠步道"。德国的奥伯豪森市，横跨莱茵河，建有一个名为 Slinky Springs To Fame 的空中步道，步道共使用 496 个钢圈围合，加之灯光的使用，变得极为美观。同时，德国在梅特拉赫森林公园、黑森林公园等地，均建造了空中森林步道。另外，在捷克的利普诺森林公园、巨人山森林公园，澳大利亚的奥特威森林公园也采用了空中森林步道的建设形式，以提升公园景观质量，增加游人的游憩参与度。此外，提到空中森林步道，不得不提的就是新加坡，新加坡素来就有"全球生态花园城市"之称，其城市步道的设计也是一流的。亚历山大城市森林步道（包括天篷走道、亚历山大拱桥、丛林小径）的建设不仅很好地满足了人们休闲娱乐的需求，而且更好地将当地的生态景观进行保护，成为了一个地标性的建筑。另外，为增加游人游憩的刺激性，许多国家开始建设玻璃步道，如美国大峡谷空中玻璃走廊、加拿大落基山脉冰川天空步道、奥地利达赫施泰因的虚无之梯等，因这些空中步道的建设，使用的是玻璃这种特殊的铺装材质，所以步道长度均较短。

国内外关于步道设计、步道系统的相关法律法规，以及步道周边环境的相关影响因素的研究较多，但是关于森林步道的深入探究极少，对于空中森林步道的针对性研究更是少之又少。因此，如何利用城市森林景观环境，将其与空中步道的规划建设相结合，以提升步道自身、周边景观以及康养环境质量，为人们提供一个景观优美、具有文化科普功能的地标性设施、同时提供科学合理的运动健身及森林康养的场所，为空中森林步道在复合功能条件下的规划与设计提供更为合理的依据，将成为我国步道研究领域一个新的重点与热点。

二、我国空中森林步道溯源与发展

我国关于空中森林步道的系统研究虽然起步较晚，但是追溯其建设应用却是由来已久。早在战国时期，我国就出现了类似于空中步道的道路形式，被称为栈道，这便是我国最原始的步道系统。相传古人为了在深山峡谷中通行，且平坦无阻，便在河水隔绝的悬崖绝壁上开凿出一些棱形的孔穴，将石桩或木桩插入孔穴内，并在上面横铺木板或石板，将其修建平整，使人或车均可以安全通行，这便是我国古代特有的交通通行设施，并在当时起着非常重要的作用（蓝勇，1992）。现存的著名的栈道系统例如汉江古栈，其贯穿汉江，穿越秦岭，是一个巨大的土木工程，相传其建造时间比万里长城还要早（税晓洁，2008）。另外，步道作为重要的交通纽带，对城市生态景观的保护、人居环境的改善、人们的休闲游憩起着重要的作用。

虽然我国关于步道的研究起步较晚，但目前已有了一定的相关研究基础。李瑞冬、胡玎（2003）通过对白塔山海岛的步道规划与设计实例，率先提出了步道的创新设计思路与手法，对步道路线的规划与其节点的设计进行了讨论与研究。邓英等（2004），通过研究提出了具有探索性的城市步道和居民区步道的设计意见与建议。杨铁东等（2004）通过对森林公园中步道的实地调查，分析其现状和难点，提出了以生态保护为核心，以人性化设计为手段的步道设计思路和手法，以挖掘森林公园的个性和灵性，提高森林公园的品位和质量。在其后的几年时间里，李沁（2006）首次将"游人体验"作为专项研究探讨，探究了森林公园步道的相关体验设计。江海燕（2006）将自然游憩的步道系统作为研究对象，深入研究分析了其规划设计理念。我国于 2010 年颁布《国家登山健身步道标准》，将人们的日常健身需求提升到更高的层面，明确相关的建设标准，为健身步道的建设提供了有力的技术支撑。中国登山协会在"第二十一届国际步道研讨会"荣获"国际健康步道奖"（Trails for Health Award），此项奖的获得成为了我国步道建设系统发展的新起点。随后，周正芳媛（2011）通过对城市健身步道的探析，挖掘其潜在的生态价值。吴明添（2013）结合金鸡山公园的实际案例，于 2013 年提出以生态保护为核心，以人性化设计为目的的步道规划与设计思路。后又有多个学者从不同的角度，对国家森林公园中游步道的设计、利用特征及现状、选线原则等进行研究（张宁，2017；朱琳，2013；朱琳等，2013；林继卿等，2010）。从目前的研究中，可以看出我国关于步道系统研究尚处于初步阶段，大多都以公园及森林公园中的游步道为主，对其进行较为系统的研究。另外，2017 年 11 月 13 日，原国家林业局公布了第一批国家森林步道名单，分别是秦岭、太行山、大兴安岭、罗霄山、武夷山 5 条国家森林步道。以致大部分学者将研究重点放在国家步道系统的研究上，对于城市森林景观的步道系统的建设，还没有统一的规划和设计模式（李杨，2013），对空中森林步道的研究几乎为零。

目前，国内空中森林步道建设还处于起步阶段，全国仅有 6 条已建成的大型空中森林步道。2011 年，福建省龙岩市的莲花山公园建成我国第一条空中森林步道——莲花山栈道，全长 3800m，宽 3.5m。随后，2015 年，福建省福州市建成金鸡山揽城栈道，全长 2680m，净宽 4m。2016 年，福建省福州市又建成"福道"，主轴线长 6300m，宽度为 2.4m，局部拓宽至 3.6~4m，环线总长约 19000m；同年广东省佛山市在顺德大良山华盖山建成并开放使用空中森林步道，全长 1600m，宽 2.5m。2017 年，福建省泉州市建设山线绿道，全长 22500m，其中已开放并投入使用的山线绿道精品示范段，为空中森林步道形式，长度约 4040m。同年在陕西省延安市建成并开放以科普教育为中心的空中森林步道——树顶漫步，长约 1390m，宽 2.4m。空中森林步道的建设因其独特的形式，能够使更多的人近距离接近自然，体会真正的漫步树梢之感，受到了大众的喜爱。

第三节　空中森林步道承载功能

通过对我国空中森林步道的相关研究调查分析，从而归纳出空中森林步道应承载的 4 项主要功能，分别为视觉景观功能、运动健身功能、康养功能、科普教育功能。

一、视觉景观功能

相较于普通的步道来说，空中森林步道具有更开阔的视野，承载着更多的视觉景观功能。视觉景观的首要元素是视觉吸引（刘滨谊，2013），随着人们对景观美学要求逐渐提高，人们渴望一种景观和谐、环境优美的生存空间，视觉景观资源作为环境资源的一部分受到了越来越多人的重视。

空中森林步道因其别具一格的建造方式及其不同建造材质的碰撞，形成了特有的视觉景观风格，成为一个城市的标志性建筑。我国福建省福州市的"福道"采用等边角钢，步道蜿蜒盘旋而上，创造出灵活多变的建筑造型与趣味十足的阴影效果，具有良好的视觉景观冲击力（刘雅培，2018）。空中森林步道的铺装形式同样也是步道良好视觉景观效果的体现，福建省泉州市山线绿道示范段的一部分——夜光漫道，采用发光材料铺路，白天吸收日光，晚上将存储下来的能量释放产生出光线，增加了步道的趣味性，同时提升了视觉景观美感，将步道的视觉景观功能完美地呈现出来。另外，空中森林步道的设计应加入色彩与灯光的应用，通过对步道路面颜色、配套设施色彩、灯光色彩、周围植物色彩等相关元素的设计，增加步道的视觉吸引能力，使其具有更好的视觉景观功能承载能力。

二、运动健身功能

空中森林步道不仅要具有良好的视觉景观效果，同时还需要具有一定的运动健身功能。国内外有研究表明，步道是促进健康的有效手段（朱晓磊，2018），是促进健康生活方式形成的重要因素（Brownson R C，2000）。相比不使用步道的人来说，步道使用者可以完成更多的身体活动，而且步道使不同人群的总体运动量有不同程度的增加（Gordon P M，2004）。因此，建设具有运动健身、休闲游憩功能的空中森林步道就变得尤为重要，以此来满足人们日常慢跑、散步等形式的需求，为人们提供良好的集健身、休闲、游憩于一体的活动场所。

空中森林步道将普通的步道形式由地面移至空中，步道更为灵活，可通过改变步道材质、坡度、长度等来满足人们的日常运动需求，提高人们的运动兴致，可有效地解决城镇化进程中全民健身的困境，以满足人民日益增长的对于运动健身的诉求（余子义，2016）。"福道"的最大坡度为8°，陕西省延安市的树顶漫步最大坡度为6°，均使人们行走轻松，从而达到运动健身的目的。标识系统的建设也是空中森林步道的重要一环，利用不同形式的标识系统进行解说，确保大众能够以最方便快捷的方式达到其运动健身的目的。另外，空中森林步道的建设选址以森林为基础，景观游憩资源较为丰富，将休闲游憩功能与空中森林步道景观相结合，通过增加各类游憩设施，如休憩平台、观景台、驿站等，让人们在使用过程中实现零负担游览，达到最大程度的放松，使身心更为愉悦，是大众健身与游憩的迫切需要。

三、康养功能

以森林资源为建设依托的空中森林步道，具有较强的康养功效。目前，全球大部分人群正处于亚健康状态，人们希望能够通过一种健康的生活方式来达到康养保健的效果，空中森林步道因其简单、便捷的形式，使大众与自然紧密相连，从而能够达到康养的目的。

空中森林步道大多以森林或是植物密度较高的风景区或森林公园为主要依托。森林具有涵养水源、减少水土流失、释放氧气、滞尘等生态功能，因其富氧的环境、洁净的空气质量、较高的负离子含量、舒适的森林小气候、益身的植物精气等丰富的保健效益因子而对人体具有调养、减压等康养保健作用，是人们休闲游憩、康养保健的优良场所（郄光发，2011）。另外，将森林康养的相关理论运用到空中森林步道的道路走向选择、康养设施建设等之中，可以有效促进空中森林步道建设的完整性，使人的生理及心理均得到放松，达到一定的康养功效。

四、科普教育功能

随着我国国民科学素质的不断提升，科普教育功能逐步成为景区发展的一个热点话题。在空中森林步道建设中，更应专注于科普教育功能的体现，通过借助步道周边的自然资源，如树木、鸟类、昆虫等，利用设立各类标识牌及各类电子解说系统等方式，对人们所处环境中的各类生物进行科普解说，使人们在游览的过程中更好地了解自己身处的环境，以达到科普宣讲的目的。

空中森林步道承载着一个城市的文化底蕴，且文化是具有地域性的。在全球化的今天，各地文化都在不断地碰撞融合，只有在保持地域独特性基础上吸收不同地区的文化，形成自己的地域文化特征才能促进城市的不断发展（王振东，2017）。空中森林步道作为文化的空间载体与城市绿色交通方式的体现，其与文化功能之间的联系也受到越来越多的关注。可见文化功能在城市各项系统建设中的重要作用，在空中森林步道的规划设计中，需更加注重文化的展现与传承，将地区内特有的文化融入空中森林步道的建设中，建设具有文化内涵以及城市标志性的步道系统。如福建省福州市的金鸡山揽城栈道，建立了茉莉花茶主题馆，使人们在游览空中森林步道之余，能够感受福州市的本土文化，同时也可带动当地经济产业的发展。

第三章

03

空中森林步道建设需求

空中森林步道的建设宗旨是为人们提供舒适的步行环境，提升人们的游览舒适度，因此，游客的喜好与需求是极为重要的。本章内容主要通过问卷调查的方法，了解大众对于空中森林步道的认知、行为学特征、空中森林步道建设的喜好与需求，以期有针对性地进行空中森林步道的规划与设计。

游客需求调查是获取游客群体基本情况、游览偏好、心理需求等特征的最为直接的研究方法，同时，能够实现设计者与使用者的良性互动，带动使用者的参与性与积极性，提高规划场地利用率（王燕玲，2016）。本研究采用线上、线下两种调查方法，即一种是在当地散发纸质问卷并进行访谈的方式，一种是在网络平台发放电子问卷的方式，以全面地了解游客的基本情况与喜好需求，并收集游客对空中森林步道规划与设计的相关建议。

第一节　游客需求

2017 年 7 月 16 日，在泉州山线绿道示范段进行纸质问卷的发放与调查，共发放调查问卷 150 份，获得有效调查问卷 129 份，有效率达到 86%；2017年 7 月 17 日，在龙岩莲花山栈道进行纸质问卷调查，共发放调查问卷 150 份，获得有效调查问卷 120 份，有效率达到 80%。调查问卷共有 13 个题项，按照有效问卷数量最少应该为发放问卷题项的 5 倍的要求（Gorsuch R L，1983），调查回收的有效问卷数量符合要求，调查结果可行可用。

一、游客人口学特征

根据表 3-1 分析结果显示，龙岩莲花山栈道的游客以男性为主，而泉州山线绿道示范段则以女性居多，龙岩莲花山栈道男性占 65.00%，性别比例（男：女）为 13:7；泉州山线绿道示范段男性占 46.51%，性别比例（男：女）为 20:23。由于龙岩莲花山栈道与泉州山线绿道示范段的主要承载功能有所不同，导致男女游客的比例有所差异，龙岩莲花山栈道以运动健身为主，而泉州山线绿道示范段则是以景观观赏游憩为主。因此可以看出，男性较女性更喜欢以运动健身为目的的游览形式，对户外运动的热情更为高涨；而女性较男性更加注重景观的美感度，周围景色的优劣对其有较大的影响。

在年龄结构上，两个调查地点的主要人群均分布在 21~40 岁。其中，龙岩莲花山栈道 21~40 岁年龄层的为 60 人，占比 50.00%；其次是 41~60 岁的中老年游客 51 人，占比 42.50%；60 岁以上游客 6 人，占比 5.00%；20 岁以下游客仅 3 人，占比 2.50%。泉州山线绿道 21~40 岁年龄层的中青年游客 73 人，占比 56.59%；其次是 41~60 岁的中老年游客 39 人，占比 30.23%；年龄小于 20 岁的 15 人，占比 11.63%；年龄在 60 岁以上的老年人仅 2 人，占比 1.55%。根据分析可以看出，中、青年是空中森林步道的主要游览对象，其次 41~60 岁的中老年游客也占有大部分比重，是空中森林步道游览的潜在对象。

表3-1 样本人口学调查

调查地点	人口特征	分类	频率（人）	百分比（%）
龙岩莲花山栈道	性别	男	78	65.00%
		女	42	35.00%
	年龄	20 岁及以下	3	2.50%
		21~40 岁	60	50.00%
		41~60 岁	51	42.50%
		61 岁及以上	6	5.00%
泉州山线绿道示范段	性别	男	60	46.51%
		女	69	53.49%
	年龄	20 岁及以下	15	11.63%
		21~40 岁	73	56.59%
		41~60 岁	39	30.23%
		61 岁及以上	2	1.55%

二、游客行为学特征

（一）游览时间段

由图 3-1 分析可知，龙岩莲花山栈道的游客更愿意在上午进行游览，共有 87 人选择，占比 72.50%，其次是选择下午进行游览，共 18 人，占比 15.00%。选择中午、晚上到此处的人较少。另外，泉州山线绿道示范段的游客游览时间段偏好较为平均，总体来看，选择上午进行游览的人较多，共 39 人，占比 30.23%，其次是选择晚上游览的游客，共 36 人，占比 27.91%，选择在下午进行游览的游客也较多，共 33 人，占比 25.58%。

根据初步分析，龙岩莲花山栈道的游客多选择在上午进行游览，可能与莲花山栈道所主要承载的运动健身功能有关，人们更多选择在上午进行运动健身，以提升身体素质，达到康养保健的效果，故选择上午游览的游客较多。泉州山线绿道示范段的游客游览时间段较为平均，可能是由于其步道上景观节点较多，人们有更多的游览选择，以致每个时段都会有游客选择进行游览。另外，泉州山线绿道示范段的游客比龙岩莲花山栈道的游客更愿意在晚上游览，从实地调查的情况来看，泉州山线绿道示范段建设有一段"夜光漫道"，以及步道上分布有出岫等在晚上可以观赏的景观节点，晚上的景观效果较好，加之其灯光照明设施较为完善，也成为吸引游客晚上到此处游览的一个重要原因。

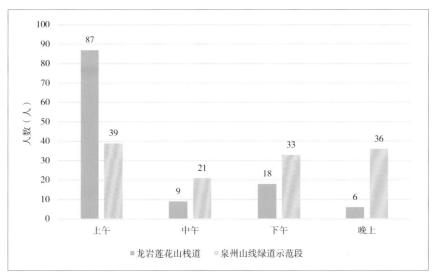

图3-1 游览时间段偏好

（二）游览时长

由图 3-2 分析可知，龙岩莲花山栈道的游客游览时长选择在两小时以内的较多，共 87 人，占比 72.50%；其次是选择半天的游览时长，共 33 人，占比 27.50%；没有游客选择花费一天的时间在此处游览。泉州山线绿道示范段的游客游览时长选择半天的人数较多，共 90 人，占比 69.77%；其次是两小时以内，共有 27 人选择，占比 20.93%。

从两个调查地点的步道长度来看，龙岩莲花山栈道长为 3800m，泉州山线绿道示范段长 4040m，两步道长度相差不多，但是游客的游览时长偏好却相差较多。这与泉州山线绿道示范段的景观节点相对较多有关，故游客的游览停留时间相对于龙岩莲花山栈道较长，以致游览时长增多。

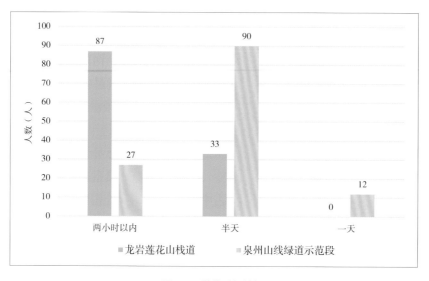

图3-2 游览时长偏好

三、游客需求特征与喜好

（一）步道类型

根据图 3-3、图 3-4 分析可知，两个调查地点的结果大致相同，游客对步道类型的喜好程度依次为空中步道、平地步道、登山步道、水上步道。在龙岩莲花山栈道的调查中，有 63 人选择空中步道，占比 52.50%；共 39 人选择平地步道，占比 32.50%。在泉州山线绿道示范段的调查中，共 93 人选择空中步道，占比 72.09%；其次共 30 人选择平地步道，占比 23.26%。由此可以看出，人们对空中步道这种类型喜好程度较高，所以对空中森林步道的研究与建设是极为必要的。

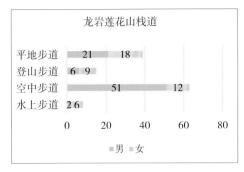

图3-3　步道类型偏好（a）　　　　图3-4　步道类型偏好（b）

（二）建设形式

关于游客对于空中森林步道建设形式的喜好，两个调查地点的结果大致相同。从图3-5、图3-6中可以看出，游客均更喜欢坡地式的步道建设形式。龙岩莲花山栈道共102人选择坡地式，占比85.00%；泉州山线绿道示范段共102人选择坡地式的建设形式，占比79.07%。从选择阶梯式的游客数量来看，两个调查地点的结果均显示出男性选择阶梯式的人数比女性多，因阶梯式的步道建设形式较坡地式的步道建设形式需要更多的体力消耗，因此可以看出男性能够接受的运动强度比女性要大。但总体来说，建设无障碍的坡地形式的空中森林步道是游客的迫切需求。

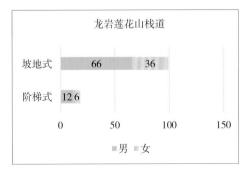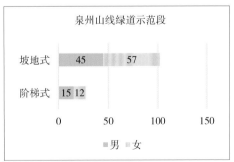

图3-5　建设形式偏好（a）　　　　图3-6　建设形式偏好（b）

（三）铺装材质

由图3-7分析可知，龙岩莲花山栈道选择木质材质的人数为75人，占比 62.50%，这也与龙岩莲花山栈道的铺装全为木质有关。其次是石质的铺装材质受到游客的喜爱，共 27 人，占比 22.50%；有 15 人选择玻璃材质，占比 12.50%。其余材质的选择人数较少。

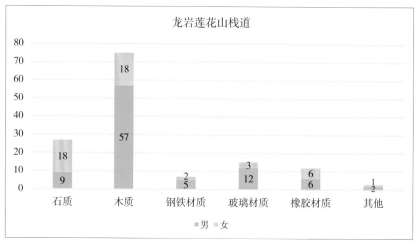

图3-7 铺装材质偏好（a）

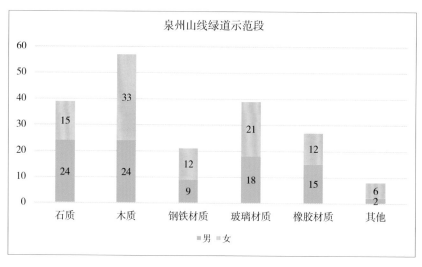

图3-8 铺装材质偏好（b）

在对泉州山线绿道示范段的实地调查中，发现在不同的路段使用了不同的铺装材质，因此游客能够体验不同铺装材质带来的不同的感受，所以游客对于铺装材质的喜好选择，也较为多样化，如图 3-8 所示。游客最喜爱的铺装材质为木质，共 57 人，占比 44.19%。其次是玻璃材质与石质，分别有 39 人选择，分别占比 30.23%。选择橡胶材质、钢铁材质的分别为 27 人、21 人，分别占比 20.93%、16.28%。

在铺装材质的喜好程度上，两个调查地点的结果显示略有差别，但喜好程度最高的均为木质铺装，其次是石质。在近年来新兴的一些铺装材质的选择上，由于这些材质的使用度不够高，导致游客没有直接的体验感受，以致游客对于其的喜好选择较少。

四、游客评价与建议

根据问卷调查中的访谈问题，以及实地调查中发现的问题，对龙岩莲花山栈道与泉州山线绿道示范段的游客进行现场访谈。游客对于空中森林步道的关注点分别在于其安全性、材质、特色景观、舒适度、线路布局等方面。在空中森林步道的规划与设计过程中，应对以上所述的几方面进行详细的研究。总结如下：

（1）空中森林步道的铺装材质应选择能够起到缓冲作用的，走起路较为轻松，同时应注意铺装材质的防滑性。有部分游客表示，应该为具有恐高等心理恐惧的人群考虑，所以应避免玻璃等材质的大面积使用，可以作为空中森林步道上的一个小型的景观体验点，增加刺激性与挑战性。空中森林步道的规划与设计应考虑不同年龄层次的需求。在安全方面，对于栏杆的设计要保证小孩的安全高度。

（2）游客对于空中森林步道的空气质量较为重视，希望能够呼吸到新鲜的空气，带来康养疗效；自然景观要丰富；空中森林步道的建设基地最好是选择在植被茂盛的森林之中。游客表示希望在空中森林步道游览的过程中，较为安静舒适，有一定的封闭空间。

（3）游客希望增加空中森林步道相关配套设施的建设，如洗手池、远眺平台、娱乐设施，灯光设施等。有游客认为，应尽量避免建设较大型的餐饮店，避免造成垃圾堆放问题，减少对森林生态环境的破坏，可以选择一些较为方便的自助贩卖机来满足游客的需求。

第二节　网上调查

通过对国内外相关文献的大量阅读，以及专家的意见，结合实地调查的情况，进行了电子问卷的设计，共涉及 24 个题项。2019 年 1 月通过网络的途径，发放电子问卷，最终共收集回问卷 516 份，有效问卷回收率达 100%。按照有效问卷数量最少应为发放问卷题数的 5 倍的要求（Gorsuch R L，1983），调查回收的问卷数量符合要求。调查样本数据使用 EXCEL 软件进行结果分析。

一、人口学特征

使用 Excel 软件对被调查人群的人口学特征进行分析，结果如表 3-2 所示，并得出以下结论：

从被调查对象的性别来看，男女比例分别为 38.95% 和 61.05%。女性比例较男性更高，显示出女性更强的参与度与更为强烈的出行意愿。从被调查对象的年龄来看，中青年的参与度较高，主要分布在 21~40 岁，达到 78.49%，此类人群对休闲娱乐、运动健身等的需求比较强烈。根据调查推理，此结果可能与此类人群的工作生活压力较大、出行意愿较强有关，因此，此类人群也成为空中森林步道的主要目标人群。另外，20 岁以下以及 61 岁以上人群数量较少，造成此现象一方面可能是因为此两类人群出行需求较少，另一方面是因为网络问卷的普及不够，以及其不会使用手机进行网络问卷的填写。

从被调查对象的文化程度来看，本科或大专、研究生及以上所占比例较大，分别为 46.9%、33.14%，两项共占样本的 80.04%，总体来看受教育水平较高。从被调查对象的职业来看，以学生、企业职员、行政机关及事业单位人员为主，分别为 35.85%、30.23%、13.18%，三项共占样本的 79.26%。因此可以看出，受教育水平较高的人群、学生以及单位职员参与度更高，将成为空中森林步道游览的主要对象。

表3-2　样本人口学特征

人口特征	分类	频率（人）	百分比（%）
性别	男	201	38.95
	女	315	61.05

（续）

人口特征	分类	频率（人）	百分比（%）
年龄	20 岁及以下	25	4.84
	21~40 岁	405	78.49
	41~60 岁	81	15.7
	61 岁及以上	5	0.97
文化程度	初中及以下	44	8.53
	高中	59	11.43
	本科或大专	242	46.9
	研究生及以上	171	33.14
职业	学生	185	35.85
	务农	22	4.26
	行政机关、事业单位人员	68	13.18
	企业职员	156	30.23
	个体经营者	26	5.04
	退休人员	7	1.36
	其他	52	10.08

二、对空中森林步道的基础认知

根据人们对空中森林步道的基础认知分析（表 3-3）来看，调查人群中了解空中森林步道的有 168 人，占 32.56%；然而知道我国现有的空中森林步道的仅为 70 人，占 13.57%；去过空中森林步道的人仅为 55 人，占 10.66%。可以看出，调查人群中了解空中森林步道的人较多，但可能只是听说过，并没有深入的了解，导致知道我国空中森林步道名称以及游览过空中森林步道的人也较少。

对人们知道的空中森林步道名称进行分析，福建省福州市的"福道"是被提及率最高的空中森林步道，分别有 29 人提及，可见"福道"的对外宣传力度较大、且知名度较高，同时也是被调查者提到的游览过最多的步道。其次为金鸡山揽城栈道，有 4 人提及，与"福道"的提及率相比较低。另外，有 6 人提到张家界大峡谷玻璃栈道，因其全程都为玻璃材质铺装，具有较高的探险刺激性，故不作为本次研究的重点。

表3-3　调查人群基础认知

基础认知	分类	频率（人）	百分比（%）
是否了解空中森林步道	是	168	32.56
	否	348	67.44
是否知道我国现有的空中森林步道	是	70	13.57
	否	446	86.43
是否去过空中森林步道	是	55	10.66
	否	461	89.34

三、行为学特征

游客行为学特征研究具体内容包括游览方式、游览时间段偏好、游览时长、季节偏好等，其研究目的是充分了解游客的行为规律，以便采取准确有效的方式调动游客积极性，使游客行为达到最佳效果。

（一）游览方式

根据表3-4分析可知，与朋友一起出行游览的比例最大，占51.16%；其次是与家人一起，占38.18%；占比最小的是独自一人出行，占8.91%。因此，在空中森林步道的规划建设中，应考虑到互动空间的规划与设计，以及步道的宽度的设计，保证游览者之间的互动体验。

表3-4　游览方式分布

游览方式	独自一人	与朋友一起	与家人一起	其他
频率（人）	46	264	197	9
比重（%）	8.91	51.16	38.18	1.74

（二）游览时间段

根据表3-5分析可知，被调查者的游览时间段偏好选择集中于上午和下午，分别占31.4%和38.57%，符合多数游人选择出游时间的一般规律。另外，

表3-5　游览时间段分布

游览时间段	上午	中午	下午	晚上
频率（人）	162	31	199	124
比重（%）	31.4	6.01	38.57	24.03

也有 24.03% 的被调查者选择在 19:00 以后进行游览，主要目的是进行饭后的休闲散步、运动健身。

（三）能接受距常驻地的车程

根据表 3-6 分析可知，人们能接受的距常驻地的车程在 30~60min 比例最大，占到 50%。其次是 30 分钟以内的车程占 24.22%。由此可知，空中森林步道的选址较为重要，距离主要服务区域的车程在 60min 以内最佳。

表3-6　能接受距常驻地的车程分布

能接受的车程（min）	<30	30~60	60~90	90~120	>120
频率（人）	125	258	95	24	14
比重（%）	24.22%	50%	18.41%	4.65%	2.71%

（四）游览时长

根据表 3-7 数据分析可知，人们认为最合适的空中森林步道的游览时长为 1~2h，占 59.69%。其次是 2~3h，以及 1h 以内，分别占 21.32%、16.28%。游览时长喜好在 3h 以上的，样本数量较少。由此可知，在空中森林步道的规划与设计中，应通过控制步道长度、出入口设计等，满足游人喜好的游览时长，方便游人进行其他的活动或返回目的地。

表3-7　游览时长分布

游览时长（h）	<1	1~2	2~3	3~4	>4
频率（人）	84	308	110	10	4
比重（%）	16.28	59.69	21.32	1.94	0.78

（五）游览季节

根据表 3-8 数据分析可知，人们喜爱的出行季节以春季和秋季为主，分别占 55.43% 和 25.58%。主要原因是因为春季和秋季的气候适宜，人体舒适度较高，出行更舒适。也有部分被调查者喜欢在夏季游览，占比 18.6%，但是喜好冬季游

表3-8　游览季节分布

游览季节	春季	夏季	秋季	冬季
频率（人）	286	96	132	2
比重（%）	55.43	18.6	25.58	0.39

览的只有 2 人，占 0.39%。所以气候舒适度会较大程度地影响游客出行的季节选择，在空中森林步道的建设过程中，保证游人的游览舒适是极为重要的。

四、喜好与需求

（一）空中森林步道选址

根据表 3-9 数据分析可知，47.67% 的被调查者喜欢在城市近郊风景区建设空中森林步道，35.27% 的被调查者喜欢在城市远郊风景区建设空中森林步道，而喜欢在城市中心山体公园建设空中森林步道的被调查者只占 17.05%，这说明人们更愿意走出城市，进行游览休闲活动。

表3-9　选址偏好分布

选址位置	城市近郊风景区	城市远郊风景区	城市中心山体公园
频率（人）	246	182	88
比重（%）	47.67	35.27	17.05

（二）具备功能

根据表 3-10 数据分析可知，83.53% 的人们认为空中森林步道应具有的功能是景观功能，其次是运动健身功能、康养功能、科普教育功能，分别占 73.64%、63.37%、48.45%。所以在空中森林步道的规划与设计中，应首先考虑步道的景观功能，建设位置要有景可观，并且自身应成为一处独特的风景点，以达到城市宣传的效果。然后再考虑其运动健身、康养、科普教育功能，使人们在游览观景的过程中，达到多种效果。另外，有 5.62% 的人选择了"其他"选项，根据总结大致分为两大类，一是休闲功能，二是娱乐功能。因此，空中森林步道的规划设计中，应全面地考虑以上提到的所有功能，以建设复合功能下的空中森林步道为目的，为人们提供更为满意、舒适的步道运动。

表3-10　空中森林步道具备功能需求

功能	景观功能	运动健身功能	康养功能	科普教育功能	其他
频率（人）	431	380	327	250	29
比重（%）	83.53	73.64	63.37	48.45	5.62

（三）各要素重视程度

根据表 3-11 数据分析，对人们认为在空中森林步道上游览时，各类要素的重视程度进行调查。有80.23%的人对"步道周围自然风景是否秀丽，野生动植物资源是否丰富"是最为重视的，其次是"步道的康养、健身系统是否完善""步道的休憩设施是否充足"，分别占比64.73%、62.6%。"步道人文历史是否丰富"占41.86%。这与上述人们认为空中森林步道应具备的功能相符。步道的自身及周边景观是影响人们游览的重要因素。另外，在选择"其他"选项的16个人中，对于空中森林步道的安全性能提及率最高，如是否有完善的消防安全系统、步道的游人承载量有多大等。其次是对于步道的生态景观的保护，如步道的建设是否会对森林环境和树木成长造成影响、是否会不能融入自然等。

表3-11 各要素重视程度分布

选项	频率（人）	百分比（%）
步道周围自然风景是否秀丽，野生动植物资源是否丰富	414	80.23
步道人文历史是否丰富	216	41.86
步道的康养、健身系统是否完善	334	64.73
步道的休憩设施是否充足	323	62.6
其他	16	3.1

（四）建设形式

根据表3-12数据分析可知，喜好坡地和阶梯结合的建造形式比例最大，占55.04%，其次是坡地式，占35.66%。因此在空中森林步道的设计中，应多注意步道形式的设计，尽量避免阶梯式的建设形式，保证游人的游览满意度。

表3-12 建设形式喜好

建设形式	坡地式	阶梯式	坡地和阶梯结合
频率（人）	184	48	284
比重（%）	35.66	9.3	55.04

（五）走线形式

根据表3-13数据分析可知，对于步道采取的走线方式，直线型与曲线型的占比均匀，曲线型占比51.74%，直线型占比42.83%。在空中森林步道的规划与设计中，应根据实际地形，调整步道走线形式。

表3-13 走线形式喜好

走线形式	直线型	曲线型	其他
频率（人）	221	267	28
比重（%）	42.83	51.74	5.43

（六）铺装材质

根据表 3-14 数据分析可知，木质是人们最喜爱的空中森林步道铺装形式，占比 65.12%。其次，石质、玻璃材质、橡胶材质占比均匀，分别为：32.56%、28.1%、23.64%。但是，有人提出，木质的步道常年使用，易坏且不耐用；玻璃材质的步道具有一定的冒险性，不适宜日常的休闲游憩。因此，空中森林步道的设计中，在保证游人喜好的前提下，应采用更为实用、安全的铺装材质。

表3-14 铺装材质喜好

铺装材质	石质	木质	钢铁材质	玻璃材质	橡胶材质	其他
频率（人）	168	336	48	145	122	10
比重（%）	32.56	65.12	9.3	28.1	23.64	1.94

（七）特色铺装材质

根据表 3-15 数据分析可知，有 59.50% 的人喜爱草皮、树皮、树桩等自然素材做成的铺装，有 44.96% 的人喜欢卵石、陶砖等硬性素材作为铺装，较为均衡。可以看出，在生活节奏加快的现在，人们更多地喜欢自然的景观以及各类自然素材的产品，能够给人们身心带来一定的放松。

表3-15 特色铺装材质喜好

特色铺装材质	草皮、树皮、树桩等自然素材	卵石、陶砖等硬性素材	夜光材质	其他
频率（人）	307	232	136	14
比重（%）	59.50	44.96	26.36	2.71

（八）主调色彩

根据表 3-16 数据分析可知，有将近一半的人喜欢冷色调的步道主色彩，占比 46.71%。其次，有 27.91% 的人喜欢以红色、黄色等为主的鲜艳明亮的暖色调。部分人表示，希望空中森林步道的主要色调应与自然相协调，不能过于突兀，应融于自然之中，形成自然的风景线。

表3-16 主调色彩喜好

主调色彩	鲜艳明亮的暖色调	沉稳大气的冷色调	中间色调	其他
频率（人）	144	241	110	21
比重（%）	27.91	46.71	21.32	4.07

注：鲜艳明亮的暖色调，如：红色、黄色、橙色等；沉稳大气的冷色调，如：绿色、紫色、蓝色等；中间色调，如：灰色、紫色、白色等。

（九）周边必备景观

根据表3-17数据分析，对人们认为空中森林步道必备的周边景观进行调查，人们认为丰富的植被种类是最为重要的，占比79.65%。其次，多样的山体景观、水体景观占比均衡，分别占63.95%、62.6%。还有人表示，如果在步道上可以观看到动物的话，景观效果会更好。

表3-17 周边必备景观分布

主调色彩	山体景观	水体景观多样	植被种类丰富	其他
频率（人）	330	323	411	13
比重（%）	63.95	62.6	79.65	2.52

（十）基础设施

根据图3-11数据分析可知，人们对空中森林步道配套的相关基础设施的需求依次为垃圾桶、卫生间、座椅、亭子等遮阳避雨设施、照明设施、应急通信设施、直饮水装置、自助贩卖机，分别有428人、426人、406人、398人、370人、352人、282人、254人选择，分别占比82.95%、82.56%、78.68%、

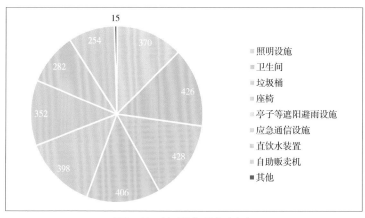

图3-11 基础设施需求（人）

77.13%、71.71%、68.22%、54.65%、49.22%。另外，还有人指出，空中森林步道还应配有紧急的充电设施、望远镜。由此可知，在空中森林步道的规划中，应增加垃圾桶、卫生间、座椅、亭子等遮阳避雨设施的配置比例。

（十一）服务设施

根据图 3-12 数据分析可知，观景平台的需求量最多，占比 76.94%。其次，是对便利店的需求，占比 61.24%。医疗服务站、能量供给站、餐饮、运动健身设施、科普教育站、康养理疗站的需求均匀。

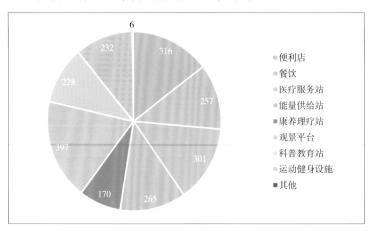

图3-12　服务设施需求

（十二）标识

根据图 3-13 数据分析可知，标识系统是步道体系的重要一环，人们对各类标识系统的需求较为平均。79.65% 的人认为需要设立步道平面示意图，占

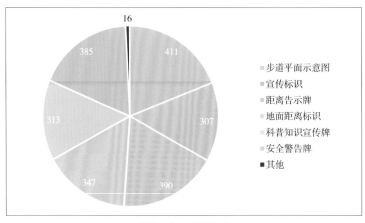

图3-13　标识需求

比最大。其次是距离告示牌、安全警告牌、地面距离标识、科普知识宣传牌、宣传标识。另外，有人建议，设立各类指示牌，如卫生间指示牌等。

（十三）宣传方式

根据表 3-18 数据分析可知，人们更多地希望通过多设立标识牌以及通过手机设备推送的方式，来了解步道的相关信息，分别占比 67.05%、62.79%。因此，在空中森林步道的规划与设计中，对于其的宣传、以及加入智能化的设施是极为重要的。

表3-18　宣传方式喜好

方式	发放宣传册	多设立标识牌	通过手机设备推送
频率（人）	237	346	324
比重（%）	45.93%	67.05%	62.79%

五、关键要素参数的主观性

（一）空中森林步道长度

根据表 3-19 数据分析可知，人们认为空中森林步道的长度在 2~3km 最为合理，游览最为舒适，占比 33.91%。其次是 1~2km 以及 3~4km 的占比较大，分别是 26.74%、15.50%。此三项共占比 76.15%，故空中森林步道的长度在1~4km 之间，是被大多数人所接受的，并认为游览较为合理、舒适。

表3-19　空中森林步道最适长度认知分布

长度（km）	<1	1~2	2~3	3~4	4~5	>5
频率（人）	45	138	175	80	39	39
比重（%）	8.72	26.74	33.91	15.50	7.56	7.56

（二）空中森林步道宽度

根据表 3-20 数据分析可知，人们认为空中森林步道的宽度在 1.5~2.6m、

表3-20　空中森林步道最适宽度认知分布

宽度（m）	0.6	1.5~2.6	2.2~3.6	>3.6
频率（人）	13	237	233	33
比重（%）	2.52	45.93	45.16	6.4

注：0.6m（1人通行）；1.5m~2.6m（2~3人通行）；2.2~3.6m（2人、1轮椅~3人、1轮椅通行）；3.6m以上

2.2~3.6m 是最为合理的，且占比相差不大，分别为 45.93%、45.16%，此两项总占比 91.09%。故空中森林步道的宽度在 1.5~3.6m 之间，即最少可通行 2 人，最多可通行 3 人及 1 辆轮椅的宽度，是人们认为的最舒适的步行宽度。

（三）休憩座椅分布距离

根据表 3-21 数据分析可知，人们认为最合理、舒适的空中森林步道休憩座椅分布距离较为均衡，在 150~200m 占比最大，为 18.6%。其次是在 200~250m，占比 17.64%。人们对座椅这种小型的休憩设施的需求，最终应根据人们的建议以及需求规划休憩座椅的分布距离。

表3-21　休憩座椅分布最适距离认知分布

距离（m）	<100	100~150	150~200	200~250	250~300	300~350	>350
频率（人）	40	80	96	91	76	71	62
比重（%）	7.75	15.5	18.6	17.64	14.73	13.76	12.02

（四）休憩驿站分布距离

根据表 3-22 数据分析可知，人们认为最合理、舒适的空中森林步道休憩驿站分布距离在 500~600m 的居多，占比 23.06%，其次是在 400~500m，占比 18.99%，此两项总占比为 32.05%。因此，400~600m 的休憩驿站分布是人们认为最为合理的距离。

表3-22　休憩驿站最适分布距离认知分布

距离（m）	<300	300~400	400~500	500~600	600~700	700~800	>800
频率（人）	42	72	98	119	49	68	68
比重（%）	8.14	13.95	18.99	23.06	9.5	13.18	13.18

（五）覆盖度

根据表 3-23 数据分析可知，人们认为最舒适的空中森林步道的覆盖度在

表3-23　最优覆盖度认知分布

覆盖度	大于90%	70%左右	50%左右	30%左右	小于10%
频率（人）	125	226	104	24	37
比重（%）	24.22	43.8	20.16	4.65	7.17

注：大于90%，步道全线基本全部处于冠层覆盖之下，密闭度高；70%左右，大部分步道处于冠层覆盖之下；50%左右，约一半处于冠层覆盖之下，一半未覆盖，处于半开敞半覆盖状态；30%左右，少部分处于冠层覆盖之下；小于10%，步道全线基本全部处于冠层之上，开敞度高。

70% 左右，占比 43.80%。其次是大于 90%，占比 24.22%。所以，空中森林步道周边的植物种类以及树冠的覆盖度是影响游人游览体验的重要因素，约70% 的覆盖度体验感最好。

（六）小结

根据现场调查分析，可以看出：

（1）龙岩莲花山栈道男性游客人数略高于女性；泉州山线绿道示范段女性游客人数略高于男性，两个地点均以 21~40 岁的中、青年为主要的游览人群。

（2）龙岩莲花山栈道游客多喜好在上午游览，且游览时间在 2h 以内；泉州山线绿道示范段游客喜好的游览时间段较为均衡，喜好程度排序为上午、晚上、下午，且游览时间为半天。

（3）两个调查地点的游客均对空中步道这种特殊的步道类型喜好程度较高；同时，两个调查地点的游客均喜好坡地式的建造形式以及木质的铺装材质。

另外，根据网上调查分析，可以看出：

（1）根据人口特征学分析，被调查者分布于我国 25 个省份及个别国外城市，女性的参与度比男性高，有更强的出行意愿；中青年是主要的参与群体，同时也是空中森林步道游览的主要目标人群；被调查者的受教育程度较高，学生及企业职员较多。

（2）根据对空中森林步道的基础认知分析，被调查者对空中森林步道的了解不多，且知道我国的空中森林步道的人较少，去过空中森林步道进行游览的人则更少。"福道"的知晓度最高。

（3）根据行为学特征分析，被调查者更多地选择与朋友一同出行的游览方式，游览时间段多集中在下午，且游览时长在 1~2h。空中森林步道建设地点距常驻地车程 30~60 min 最好。另外，选择春季出游的人较多。

（4）根据被调查者的喜好与需求分析，人们希望在城市近郊风景区建设空中森林步道，最为重视的是"步道周围自然风景是否秀丽，野生动植物资源是否丰富"，认为必备的景观要素是丰富的植被种类，主要应突出其景观功能。建设形式以坡地与阶梯结合为主，走线形式以曲线型为主。超过一半的人喜爱木质的铺装材质，并且结合草皮、树皮、树桩等自然素材所制成的特色铺装材质，同时，空中森林步道主要色调要与自然相融合，以绿色、紫色、蓝色等沉稳大气的冷色调为主。在基础设施的需求上，垃圾桶、卫生间、座椅的需求量大；在服务设施上，观景平台的需求量最大；在标识系统的需求上，步道平面示意图、距离告示牌、安全警告牌的需求量较大；同时，人们也希望通过多设立标识来了解空中森林步道的相关信息。

（5）根据空中森林步道的关键要素参数的主观性分析，人们认为空中森林步道最为舒适、合理的影响因素参数为：长度 2~3km、宽度 1.5~2.6m、休憩座椅分布距离 150~200m、休憩驿站分布距离 500~600m、覆盖度 70% 左右。

第四章

空中森林步道设计原则与要点

第一节　设计原则

空中森林步道的规划与设计应在保护森林生态系统完整的前提下，充分利用森林环境资源，突出特有优势，发挥其环境效益、经济效益和社会效益。基于空中森林步道规划与设计的影响因素、特点以及主要承载功能，分析空中森林步道的设计原则，主要包括以下四个方面。

一、保护优先原则

在空中森林步道的设计过程中，首先应该关注的就是生态保护。生态环境保护的目的在于调整生态系统的结构，提高其生态服务功能，实现生态过程的良性循环。在空中森林步道的建设过程中，如生态利益与其他利益发生冲突，应当优先考虑生态利益，满足生态安全的需求，保护森林生态系统的完整性，保护植被不被破坏，保护动物的迁徙路径不被打扰。

二、以人为本原则

设计是伴随着人类的出现而产生、发展和变化的，空中森林步道的每一处设计都应在保护森林生态资源的前提下围绕人的特性而展开。人在不同的环境中，会产生不同的行为感知，每个人都有不同的喜好与需求，因此在空中森林步道的规划与设计中，遵循以人为本的原则显得尤为重要。

三、协调融合原则

空中森林步道不是一个单独的个体，而需要与周边的景观、当地的文化相融合，体现出空中步道的多样性与协调性。

四、安全性原则

空中森林步道设计是以确保游客的安全为首要前提，在前期的选线工作中，应尽可能地发现潜在危险，并尽量回避危险地段，以确保游客的通行安全。同时，在空中森林步道的设计过程中，增加安全体系设施的配置，保证游客的安全。

第二节　选址、铺装和配套设施

一、建设选址

在通过收集相关文献、资料的基础上，综合调查 5 条空中森林步道的建设选址，进行归纳分析。发现其建设地点均主要依托于城市森林公园，且植被资源丰富，具有一定的人文文化特色。

（一）福州市"福道"

"福道"串连了福州左海公园、梅峰山地公园、金牛山体育公园、国光公园、金牛山公园这五大公园。由于"福道"目前还未完全建成并开放使用，调查地点选择在已经开放的金牛山体育公园段和梅峰山地公园段。

金牛山体育公园是目前福州市中心规模最大的社区型半山体育公园，森林植被良好，风景秀丽，此段空中森林步道长 1.4km。梅峰山地公园段位于"福道"中段，占地约 10hm^2，此段空中森林步道长约 1.5km，梅峰山地公园是福州第一个山地类海绵公园。

（二）福州市金鸡山揽城栈道

福州市金鸡山揽城栈道建于金鸡山公园内，金鸡山公园位于福州市晋安区金鸡山麓，总占地面积约 110hm^2。金鸡山是福州市唯一一座由环城山脉嵌入市区的山，依旧保留着大自然山林的原始风貌，森林覆盖率高达 86.3%。揽城栈道依山就势而建，周边林木茂盛，景观丰富。

（三）龙岩市莲花山栈道

龙岩市莲花山栈道建于莲花山公园内，莲花山公园位于龙岩市新罗区，素有龙岩的"城市绿肺"之美称，面积128hm²，森林覆盖率达90%以上，山上的莲山寺是闽西最大的寺庙之一。这里植被丰富，气候适宜，风景优美，生长着樟树、枫树、榕树、桫椤等近百种植物。

（四）泉州市山线绿道示范段

泉州市山线绿道的建设沿线包括西湖公园区、闽台缘博物馆区、泉州花博园区、桃花山公园等重要风景名胜区、公园绿地、自然山水景观区等。因山线绿道未全部建设完成并开放使用，本研究将调查地点选为山线绿道示范段，该段起点位于大坪路，终点与森林公园三期步道相连接，总用地面积约15.33hm²。

大坪山公园自然景观丰富，在大坪山南麓有成片茂盛的天然亚热带森林。山上有多棵参天古榕，郁郁苍苍，蔚为壮观。另外，大坪山的人文景观也是不可或缺的风景线，其内竖立了一座郑成功青铜塑像，为目前世界上最高大的郑成功雕像。

（五）陕西省黄龙树顶漫步

空中漫步位于陕西省黄龙山国家森林公园，占地9660hm²，森林资源丰富，森林覆盖率高达93.2%，也是我国秦岭以北最大的油松针叶林区，同时具有良好的自然景观与人文景观。

二、步道铺装

空中森林步道按照铺装的材质，分为石质铺装、木质铺装、钢材铺装、橡胶材质铺装、其他材质铺装等。

（一）石质铺装

石质铺装是指以砖块、块石和制成各种花纹图案的预制水泥混凝土砖等筑成的路面，如大理石、石料板材、生态地砖等（吴明添，2007）。石质的铺装具有经济、耐用、易融于自然环境之中的特点，在实地调查的5条空中森林步道中，金鸡山揽城栈道采用生态地砖的铺装，如图4-1所示，以及"福道"入口处的环形坡道采用石质铺装，如图4-2所示。

图4-1　生态地砖铺装　　　　　　　　　　图4-2　块石铺装

（二）木质铺装

　　木质铺装步道主要是由木材拼接而成。木材是天然的铺装材料，更接近自然，容易被人们所接受，给人以亲切、柔和的感觉。在实地调查中发现，使用木质铺装的空中森林步道较为广泛，人们也较为喜爱。莲花山栈道采用木质铺装铺路，如图4-3所示，同时黄龙空中漫步全程采用木质铺装铺路，如图4-4所示。

图4-3　莲花山栈道木质铺装　　　　　　　图4-4　黄龙空中漫步木质铺装

（三）钢材铺装

　　以钢材铺装的空中森林步道是国内新兴的铺装形式，一般采用等边角钢，路面采用格栅板，并有一定的缝隙，以使步道下植物不受抑制。"福道"、泉州山线绿道示范段均采用钢材的铺装形式，如图4-5、图4-6所示。

图4-5　"福道"钢材铺装　　　　　　图4-6　泉州山线绿道示范段钢材铺装

（四）橡胶材质铺装

橡胶材质是以原生胶为原材料所制成的铺面材质，可以通过染色呈现不同的色彩，并且在上面行走会感觉十分柔软，具有防滑、抗震的效果。泉州市山线绿道示范段采用橡胶材质铺路的形式，绿色为人行步道，红色为自行车道，如图4-7所示。

图4-7　橡胶铺装

（五）其他材质铺装

在实地调查的过程中，发现在空中森林步道的个别路段少部分地采用了各种新颖的铺装材质，如玻璃铺装、夜光材质铺装等。给人们带来了不同的视觉景观体验，更加吸引游客。泉州山线绿道示范段采用了夜光材质（图4-8、图4-9）、玻璃材质（图4-10）的路面铺装，"福道"也少面积地使用了玻璃的铺装材质（图4-11）。

图4-8　夜光材质铺装（a）

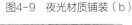

图4-9　夜光材质铺装（b）

图4-10　山线绿道示范段玻璃材质铺装

图4-11　"福道"玻璃材质铺装

三、配套设施

（一）福州市"福道"

"福道"金牛山体育公园段共设有4个出入口，分别为旋转坡道、杜鹃谷、A49平台和月崖桥出入口。在步道入口处树立有平面导览图标牌（图4-12、图4-13），步道内分布着杜鹃谷、月崖桥、悬挑观景平台、樱花园等数个景观节点，且景点指示牌（图4-14）较多，但形式单一。月崖桥跨度38m，同时跨越了 2 个悬崖。悬挑观景平台放置桌椅等设施，使游客在停留休憩的同时，能够眺望榕城美景。值得一提的是，此处还有一小段全玻璃路面，脚下景色一览无遗，腾空之感颇为刺激。另外，步道周边建有 2 个卫生间（图 4-15），放置多个垃圾桶，以及直饮水设施（图 4-16）。条凳等休憩设施能够满足游客的休憩需求，但是形式较为单一。"福道"梅峰山地公园段共设有 5 个出入口。步道内分布着水中栈道、风铃塔、集散空间等多个景观节点，2 个卫生间，1 个茶室，以及多处休憩设施。标识形式与金牛山体育公园段相同，但增加了鸟类科普标识（图 4-17）。休憩设施与金牛山体育公园段大致相同，如图 4-18、图 4-19、图 4-20 所示。

图4-12 平面导览图标牌（a）

图4-13 平面导览图标牌（b）　　　图4-14 景点指示牌

图4-15 卫生间

图4-16 直饮水

图4-17 科普标识牌

图4-18 休憩设施（a）

图4-19 休憩设施（b）

图4-20 休憩设施（c）

（二）金鸡山揽城栈道

金鸡山揽城栈道入口形式为观景平台，名为红星台，设有桌椅，可供人们休闲游憩。出入口作放大处理，方便游客观景。步道内分布着栖霞台、松林台、望龙亭等多个景观节点。建设了餐饮设施，以及一处大型的观景平台，如图4-21、图4-22所示。步道上配置有智能导览设施（图4-23），以及在多处树立各类平面导览图（图4-24、图4-25），栏杆上挂有相关的警告标识牌（图4-26），数量较多，但形式单一。休憩设施多样，且形式较为多变，有条凳、桌椅组合、亭、廊等，如图4-27至图4-29所示。另外，金鸡山揽城栈道增加了自助贩卖机的投放，满足了游客的基本饮食需求。

图4-21　餐饮设施

图4-22　大型观景平台

图4-23　智能导览设施

图4-24　平面导览图标牌

图4-25　总体平面图标牌

图4-26　警示标识牌

图4-27　休憩设施（a）

图4-28　休憩设施（b）

图4-29　休憩设施（c）

（三）龙岩市莲花山栈道

龙岩市莲花山栈道的配套设施较为完善，每隔50m有一处距离标识（图4-30），每隔150m有一处休息区，设置简单的条形休息座椅（图4-31）等，每隔800m有一处纳凉点和便民服务区，并配有健身器材（林琳等，2017）。栏杆上挂有多处步道平面导览图（图4-32），且垃圾桶数量较多，可满足游客的基本需求。照明设施相对完善，满足游客夜晚运动健身及观景的需求。

图4-30　距离标识　　　　　　　图4-31　休憩座椅　　　　　　　图4-32　平面导览图标识

（四）泉州市山线绿道示范段

泉州市山线绿道示范段是调查中唯一一个具有单独自行车道的空中森林步道。步道沿途共设有望江台、出岫、遐观、载欣、载奔5处观景点，并相应配有卫生间，共建有7处。景点标识牌（图4-33）较为醒目，但是形式单一。设有1处驿站，8处休息点，具有餐饮、卫生间、停车场等功能。步道上有一处电子报警装置，如图4-34所示，但是没有警告标识。在人行道与自行车道的分割线上，建有各类休憩座椅（图4-35），方便游客驻足休息。同时，在此处还设立了不同形式的文化景观小品，如图4-36、图4-37所示，展现了泉州文化，丰富了步道景观；同时步道照明设施较为完善，能够满足游客夜晚出行的需求，如图4-38所示。但在调查过程中发现，该步道垃圾桶的投放量远远不能满足游客的需求。

图4-33　景点标识牌　　　　　　图4-34　电子报警装置　　　　　图4-35　休憩座椅

图4-36　文化景观小品（a）　　　图4-37　文化景观小品（b）　　　图4-38　夜景

（五）陕西省黄龙市树顶漫步

树顶漫步是以科普教育为主要目的的空中森林步道，其步道上的各类科普设施较多，包括各类科普标牌（图4-39）、科普互动设施（图4-40）、标本等。另外，在步道的建设上，隔出一部分，结合不同的体验项目的方式，如图4-41所示，增加游客的参与度，提升游客的游览兴趣，但其他的配套设施较为缺乏。另外，空中漫步大部分建设于树冠冠顶位置，视野开阔，但是与树木的直接接触较少。

图4-39　科普标识牌　　　　图4-40　科普互动设施　　　　图4-41　体验项目

第三节　综合设计架构体系

一、总体架构

根据实地调查的资料分类与分析，以及人们对于空中森林步道各要素的需求，总结空中森林步道规划与设计中的构成要素，进而总结出规划与设计中的影响因素，最终构建出在复合功能视角下，空中森林步道的综合规划设计因素体系。首先，按照空中森林步道建设顺序的总体规划，将其分为三个系统：空中森林步道建设结构系统、景观环境系统、配套设施系统。其次，按照构建三大系统的影响因素的不同，分别将其进行划分。其中，将空中森林步道建设结构系统的影响因素分为风格特色因素、形式结构因素两部分；将空中森林步道景观环境系统的影响因素分为康养景观因素、自然景观因素、人文景观因素三部分；将空中森林步道配套设施系统的影响因素分为基础设施因素、服务设施因素和标识系统因素三部分。

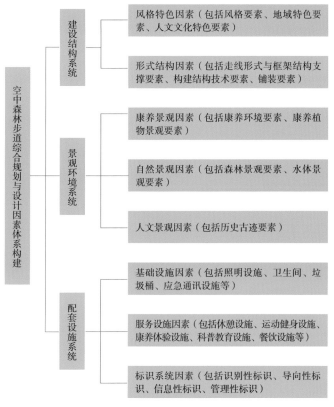

图4-42　架构图

（一）建设结构系统

在空中森林步道规划与设计中，应首先考虑其建设系统的相关因素。首先，明确空中森林步道的风格特色是步道建设的中心问题，建设具有独特风格特色的空中森林步道是尤为重要的。其次，要明确所建步道自身的线形走向、框架结构、构建结构技术、铺装等要素。

（二）景观环境系统

通过上述对调查问卷的分析，人们对于空中森林步道景观环境的喜好与需求度最高，因此优美的景观环境能够给游客生理以及心理带来愉悦与放松。景观视觉审美品质被认为是维护人们心理健康的重要资源，以及保护生物多样性、文化遗产及景观潜力的重要因素（邵钰涵，2017）。自然景观、人文景观、康养景观是决定空中森林步道景观视觉审美品质的重要因素，其好坏直接影响游客游览的心情、康养的品质等，是空中森林步道建设中最为重要的影响因素，也是建设复合功能视角下空中森林步道的重要景观因素。

（三）配套设施系统

配套设施的完善决定了空中森林步道的整体品质。完整的空中森林步道必须具备完整的配套设施，以满足各类游客的不同需求。因此，在空中森林步道的规划设计中，除应具有各类基础设施外，还应具备完善的服务设施，以及标识系统。

二、构成因素

根据空中森林步道的总体架构，对建设结构系统、景观环境系统、配套设施系统三大系统的构成因素进行进一步探讨。

（一）风格特色因素

空中森林步道风格特色因素包括风格要素、地域特色要素、人文文化特色要素。

步道自古以来就是人们生活出行的主要方式，是人们为了克服地形的限制而设计建造的具有交通出行、生活服务、文化娱乐等功能的特殊景观，是见证城市变化的景观载体，代表了一个城市的文化特色（史靖塬，2017）。所以在空中森林步道的建设中，首先要定位其风格要素，明确空中森林步道的总体风格，如自然景观式、现代简约式等。

同时，中华文化博大精深，不同的区域具备不同的地域特色以及人文文化特色，这也形成了城市之间的特殊性与差异性。通过对国内外空中森林步道的案例分析，以及实地调查，发现空中森林步道的建设出现了趋同现象，所以建设具有地域认同感的空中森林步道是十分必要的。

（二）形式结构因素

空中森林步道形式结构因素包括走线形式与框架结构要素、构建结构技术要素、铺装要素。

1. 走线形式与框架结构支撑要素

空中森林步道相较于普通的森林公园游步道来说，有较强的线形灵活性，能够较为灵活地改变其线形走向。从美学角度来说，曲线美于直线。同时，根据调查问卷显示，人们也更喜欢曲线型的走线形式。因此，在空中森林步道的走线形式设计时，在不破坏原场地的植被以及保证现场地形不受影响的情况下，要尽量多选用曲线形，如S形、卵形、C形、"之"字形等，这几种线型使人们行走起来更为舒适，而不会感到单调和疲倦（马飞，2006），还可以使人感到空中森林步道的线条的优美、和谐。同时结合直线型的走线形式，使空中森林步道多样化，满足人们的游览需求。空中森林步道的框架结构支撑主要采用钢架结构、木质结构、混凝土结构等，在框架结构支撑材质的选择上，首先要注意的就是其安全性，根据其最大承重选择相应的结构支撑材质，保证空中森林步道建设的安全性。

2. 构建结构技术要素

空中森林步道的建设目的主要是供游客步行游览、运动健身、康养等，因此在游客步行游览的过程中，应保证其无负担感，并能够达到一定的运动效果。在构建结构技术要素上，需要考虑的主要要素包括空中森林步道的长度、宽度、坡度、台阶等相关参数。

（1）空中森林步道长度。基于复合功能视角下的空中森林步道建设，其长度应该在满足人们对于景观游览的需求之外，考虑其运动健身以及康养功能，根据人们的主观性喜爱程度、人体运动能量消耗的模拟计算公式，以及人体的行走舒适度，确定步道的长度，以达到游览、健身、康养、科普教育为一体的需求。同时，也要根据现场的实际情况以及步道建设的成本来界定，步道太短则无法满足游人的需求，太长则又会造成人们游览时的负担感，造成经济上的浪费以及生态上的破坏。

（2）空中森林步道宽度。一般来说，步道的宽度是通过客流量、游人停留时间，以及步道的等级来界定的。因为空中森林步道的特殊性质，宽度的确定要从人们的主观性喜好程度、行走舒适度、游览方式、无障碍设计宽度等多方面考虑。

（3）空中森林步道坡度。步道的坡度一般分为横坡坡度与纵坡坡度两大类，横坡主要是起到排水的作用，以免地面积水产生危险，提高步道使用的安全性。纵坡主要保证游人的行走舒适性，坡度太大，则会使游人行走费力，坡度太小，则会对人体膝关节、踝关节产生一定的危害。因此，要确定步道的坡度，应考虑到环境特征、上下坡人体体能消耗量、行走舒适度等，以规划设计出最为合理的空中森林步道坡度。

（4）空中森林步道台阶参数。台阶是空中森林步道建设的一种特殊形式，因地形的原因，主要解决其高差问题。台阶的踏面高度与宽度是影响游人行走舒适度的重要因素，合理的台阶参数设置能够使游人在游览中无额外负担，同时台阶的设置能够增加景观的节奏感与韵律感，起到点景的作用，给空中森林步道景观增添别样的风景。

3. 铺装要素

空中森林步道的铺装要素分为铺装材质、铺装质感、铺装色彩、铺装图案4个方面。不同的铺装形式，能够呈现出不同的景观效果，达到与周围景观相和谐的景观体验。

（1）铺装材质。空中森林步道的铺面材质种类多样，依据其吸水性，可分为软性和硬性两大类。软性铺面可分为自然素材与木材。自然素材一般包括土、草皮、落叶及木屑、树皮、碎贝壳等在自然中可较轻易获得的材料。木材是最自然原始的材料，也是人们喜好度最高的铺装材质。铺装作为空中森林步道结构性的基础，应选择持久强度高、抗腐朽及虫害能力强的上等木材，以保证步道的安全性。在木材的选择应用上应秉承适材适用原则，依据不同的功能及所处的场所作出不同的调整。自然素材是空中森林步道建设的重要用材，也是人们最喜爱的铺装材质，在不破坏森林植被的前提下，可就地取材，使步道与自然相融合，满足人们对于自然的向往。另外，硬性铺面可分为石材与砖。石材运用的形式依照步道的使用性质，视基地不同的状况，以因地制宜的方式选择最佳的石材铺面；砖类包括混凝土砖、陶砖等，具有透水性高、施工快、容易维修、色彩选择丰富、易于行走的特点（张宁，2017）。

近年来，新型的铺面材质开始出现在大众的视野中，并且受到了大众的喜爱，如橡胶材质、夜光材质、玻璃材质等。空中森林步道的铺装材质应结合实际需要以及大众的喜爱程度，对其进行进一步的选择，保证步道与自然环境之间的相互协调。

（2）铺装质感。空中森林步道铺装选择的好坏，除了要注重铺装材质的选择外，更要看是否能与环境相协调（黄洪海，2012），所以采用质感调和的手法进行步道铺装的设计便极为重要。质感调和的方法分为同一调和、相似调和、对比调和（梁瑛，2007），以利用不同的手段达到步道的协调与完整。

（3）铺装色彩。空中森林步道的色彩选择应在大众所接受的基础上，追求稳重而不沉闷，鲜艳而不俗气的色彩设计。应注意步道铺面夏季时光线柔和，不反光刺眼；冬季应感觉温暖。色彩的选择须与周围环境相统一，且能够表达出同一种意境（周涛，2008）。另外，若铺装的色彩较为丰富，则其所配置的设施色彩应当简洁明快。

（4）铺装图案。铺装图案常因主题、场所的不同而各有变化，其图案的设计应与空中森林步道的主题风格相适应，起加深意境，衬托、美化森林景色的作用。

（三）康养景观因素

空中森林步道康养景观因素包括康养环境要素以及康养植物景观要素。

1. 康养环境要素

空中森林步道所处环境的好坏是评价一个步道优劣的重要标准。具有良好的空气质量的步道环境能够使游客得到身体的放松，达到一定的康养疗效。空气是人类生存的根本，一个成年人每天呼吸 2 万次，可吸入 10~15m^3 的空气。呼吸健康的空气能够促进血液循环，有助于提升精力、保持人体和心理健康（高淑环，2013）；反之则会产生各种人体疾病，可见空气质量的好坏对人类的影响是极大的。

据相关研究表明，一个健康的环境必须保证人体需要的营养元素、负氧离子浓度达到标准值，合适的温度与湿度，且灰尘、颗粒物（如：PM$_{2.5}$）、细菌、病毒等有害物质不能超标。空中森林步道应具备一定的康养功能，只有具备好的空气质量才能达到一定的康养疗效，故在空中森林步道的建设中，要以其康养环境的优劣为重要的考量因素，应选择各项指标因素均良好的区域，进行空中森林步道线路的规划。

（1）负氧离子。负氧离子对人体健康具有一定的促进作用。负离子浓度在 1000 个 /cm^3 以上则能够满足人体健康的基本需求，低于 1000 个 /cm^3 则会被视为空气污染（中国空气负离子暨臭氧研究学会专家组，2011），会导致呼吸系统疾病、疲劳等问题。负离子浓度在 1000~1500 个 /cm^3 之间则被视为清新的环境，达到 5000~50000 个 /cm^3 则能起到增强人体免疫力及抗菌力的作用，达到 50000~100000 个 /cm^3 可起到消毒杀菌、减少疾病传染的作用，达到 100000~500000 个 /cm^3 则能提高人体自然痊愈能力（中国空气负离子暨臭氧研究学会专家组，2011）。

（2）湿度。据研究发现，人类生活最适宜的湿度为 45%~65%（于鸿飞，2015）。在这种湿度的环境中，有利于呼吸道和皮肤的健康，从而减少疾病的发生。湿度过高或过低都会导致人体产生不适感（陈杰，2012），心情开始有所波动。

（3）氧气含量。空气中的氧气含量能够影响人的健康水平。低氧环境是引发多种疾病的间接因素，因此健康的富氧含量，可以促进人体新陈代谢，增强自身的免疫力，以保持健康。

（4）颗粒物含量。空气中不应过多的含有 $PM_{2.5}$、$PM_{0.3}$ 等颗粒物，因为这些颗粒物会进入到人体的呼吸道、支气管和肺泡，从而引发心血管病和呼吸道疾病。健康空气里的颗粒物含量应该控制在 $35\mu g/m^3$ 以下为优。

（5）温度。据研究表明，最适宜人类生活环境的温度是25℃（于鸿飞，2015），此温度下人身体内的毛细血管舒张平衡，从而感觉舒适。夏季，随着气温的升高，人体的最适温度也稍有上升，至26~28℃。

（6）无菌条件。病菌分布在空气中，可以通过呼吸快速传播，这就让空气成为很多传染病的载体。健康的空气应该是无菌的，可以有效地控制呼吸道疾病的传播。

2. 康养植物景观要素

空中森林步道所具备的康养功能是区别于其他步道的重要因素，据相关的研究显示，不同的植物种类具有不同的康养作用，因此在植物的种植选择上，建设优良的康养植物景观可以提升游客的游览体验，并起到康养保健的疗效。

（四）自然景观因素

根据调查问卷显示，游客对空中森林步道的周围自然风景是否秀丽，野生动植物资源是否丰富最为重视，因此，空中森林步道所处位置的森林资源的丰富度与美景度在步道景观各构成要素中占有十分重要的地位。若空中森林步道与森林景观处理不当，则会造成景观美景度的缺失。因此，森林中植被的颜色、大小、形状与形态，均是空中森林步道在规划与设计中需要注意的问题。若空中森林步道的沿途森林景观不够完善，则需通过另外种植植被来调整植物景观，达到处处有景的效果。另外，在空中森林步道的规划建设中，水体景观也是一个重要的影响要素，水是生命之源，若步道周围具有良好的水体景观，使人能够听到潺潺的流水声，便能起到镇定、安神的作用，缓解游览的疲劳。

（五）人文景观因素

空中森林步道应以体现人文景观为特色，以传播地方文化为目的。因此在空中森林步道的建设中，应尽可能地与当地的历史古迹、民俗风情相结合，使其处于空中森林步道整个系统之中，或可通过借景、框景、夹景等园林造景手法，将人文景观与步道相联系。同时还可以通过设计各类景观小品来突出地方文化特色，增加人文景观特色。

（六）基础设施因素

步道的基础设施包括照明设施、卫生间、垃圾桶、应急通信设施等。基础设施与空中森林步道的不协调直接影响着空中森林步道的景观效果，导致整体景观的失衡。因此，在基础设施的规划与设计中，要注重其设计的协调性，同时根据人们的需求进行基础设施数量及距离的设定。

（七）服务设施因素

服务设施是空中森林步道建设中所必备的，能够提供游人所需的各种服务，包括服务站、休憩设施、便利店、能量供给站、观景设施、康养体验设施、运动健身设施、科普教育设施等。其建设数量及分布距离应能够满足人们的基本需求，并且成为独特的景点。

（八）标识系统因素

标识系统能够准确地进行信息传递、识别、辨别和形象传递，能够使游人在游览的过程中，方便快速地了解所需要的相关信息，因此在空中森林步道的建设中，标识系统的规划也是极为重要的。根据标识系统所传达的功能不同，将空中森林步道的标识系统分为识别性标识、导向性标识、信息性标识、管理性标识4部分。

识别性标识是标识系统中最基础的部分，是指以区别其他地点为目的标识设施，如空中森林步道的区位标识牌、各类设施的标识等。导向性标识的目的是用来标示方向，以引导游人进行游览，如步道线路图、指示牌等；信息性标识是指通过文字、图片等形式，给予游客相关的信息传递，如空中森林步道平面示意图、科普宣传图等；管理性标识是以提示法律法规和行政规划为目的部分，如各类相关警示牌等。健全的标识系统可以使游人在游览过程中，轻松获取所需要的相关信息，保证游人的游览舒适性。

第四节　设计策略

一、平面布置

点、线、面是最基本的几何图形，是构成物体的基本元素。点、线、面的平面布置方式常被应用于景观设计中，通过将它们进行不同的组合，可形成具有美感、韵律感、秩序感、节奏感等的景观效果。

"点"是景观平面形态的最小单位，是从美学的角度抽象出来的元素，是一个相对的存在，没有大小，用于在空间中标定位置。空中森林步道中的点状空间往往是与一些造型具备多变性且体量相对较小的瞭望塔、休息座椅、养生设施等相关的停留站点（图4-43）。点状空间往往具备一定的设计主题，可以是单独的某个节点，也可以是由一系列主题相同的节点构成的区域空间。

"线"是点的运动轨迹，由点的线性排列而成。线性空间具备线的表达形式，线性景观具有关联、沟通、引向的功能，可将沿线的景观要素有规律地连接在一起，即使是不同属性的景观元素，也可以通过"线"将它们串联在一起，形成不同的景观空间（图4-44）。线状空间是空中森林步道中漫步和观赏景观的主线，通过将空中森林步道的高度、宽度等进行变化，结合周围的康养因子与植物景观造景，移步异景，同时配合点状空间，使人在行走过程中既能得到身体的锻炼，也能得到休憩、赏景的场所，消除人们的生理以及视觉上的疲劳，达到促进身心健康的目的。

"面"是"线"不沿原来方向运动所形成的。面状空间由点状空间和线状空间构成（图4-45），空中森林步道系统是由各个主题节点构成的点状空间和空中步道构成的线性空间所构成的面状系统。将点状空间和线状空间统一在面状空间内，使各个分散的功能区域进行了联系，增强了统一性，有利于更好地发挥步道的整体效应。

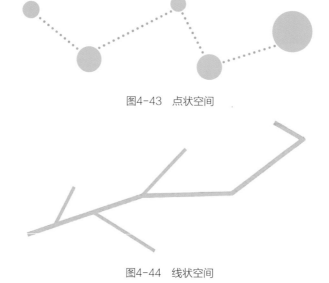

图4-43　点状空间

图4-44　线状空间

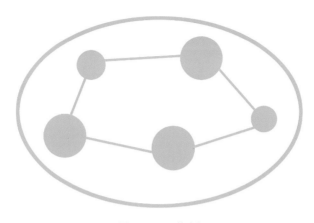

图4-45 面状空间

二、空间营造

空中森林步道架空在森林中，可以不依附于地面，通过调节支撑的立柱可以实现步道高低的不同，在竖向空间中变化较丰富，可形成不同的体验空间。在阳光照射较强、林下景观优美的区域可将步道建在树冠层以下位置，形成覆盖空间，将视线聚焦于空中步道两侧的景观（图 4-46）。在步道与周边山体高差较大，容易造成心理恐惧感的区域，将步道建在树木冠层，穿梭于树木自然生长留出的廊道空间，形成半开敞空间，将游人视线引导在线性的步道空间中，增强心理安全感（图 4-47）。在海拔较高区域，将步道建在树木顶部，形成开敞空间，将视线完全打开，俯瞰林海景观，领略森林全貌，新奇而壮丽，达到放松心情、舒缓压力的目的（图 4-48）。通过空间的不同转换，增强体验感。

图4-46 覆盖空间

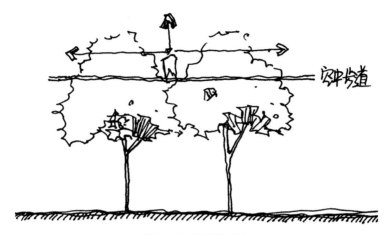

图4-47 半开敞空间

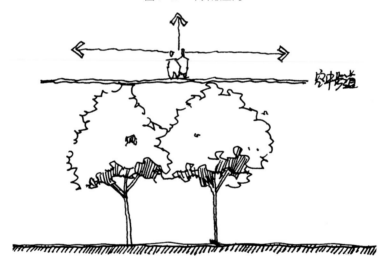

图4-48 开敞空间

三、高差缓解

空中森林步道高差的缓解可以采取立柱调节、纵向螺旋上升、双向螺旋上升等三种方式。当地形高差较小时,可以通过调节立柱的高度来达到空中步道的平缓,实现全程无障碍的设计(图4-49)。当山体地形高差较大且水平距离较小时,可通过垂直螺旋上升的形式,外部进行装饰,形成构筑物(图4-50)。当山体高差相差较大且水平距离相差较大时,可采取水平延伸、纵向上升的双向螺旋形式(图4-51)。具体所采取的方式还需要依据现状的地形、高程等进行选择,也许是其中的一种方式,也可能是几种方式的不同组合。

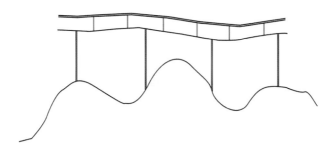

图4-49　立柱调节式

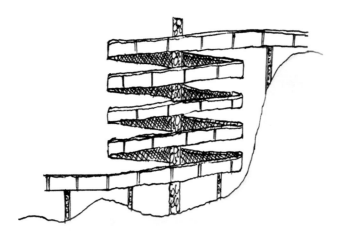

图4-50　纵向螺旋上升式

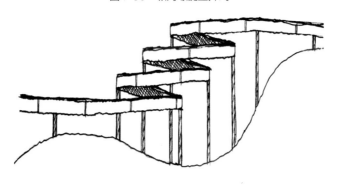

图4-51　双向螺旋上升式

第五章 05

空中森林步道关键设计指标与构建模式

空中森林步道是体验森林环境的主要方式和基本途径，其走线形式、铺装、建设技术、配套设施等设计要素直接关系到游人的体验感与游览舒适度。本章内容围绕人体运动能量消耗、人体舒适度、游客需求度等影响因素，系统分析了空中森林步道设计中的关键要素指标，从而最终构建综合要素指标。

第一节 关键设计指标

一、步道长度

游步道的建设长度直接反映其建设地点的环境容量，因此，建设地的环境容量也就成了游步道长度的一个重要影响因素。另外，不同类型的步道主要承载功能不同，因而其建设长度也存在差异。根据相关文献资料显示（表5-1），总体来看，景区内的步道大部分集中在 3~5km，一般不超过 8km。对于空中步道来讲，考虑到建设成本、游憩强度等原因，一般长度稍短，大多在 4km以内。

各类型的游步道的长度基本是以步行所需的时间来定量的，而步行所需的时间又取决于所经过地区的地形地貌特征、步道自身的路面状况以及步行者的特性（吴明添，2007）。根据相关研究表明，行人的平均步行速度在 5~7km/h，但对于具有复合功能的空中森林步道来说，游人在步行过程中，将会进行游憩、观赏等活动，其平均步行速度将会减慢，一般步行速度为 3km/h。同时，根据调查问卷所显示的游客游览时长喜好结论，大部分游客更倾向 1~2h 的游览时长。故根据游客对游览时间的喜好与满意度，空中森林步道的长度应不超过 6km。另外，结合调查问卷中所分析出的人们主观性认为的最为合理、舒适的空中森林步道长度为 2~3km，能接受的长度在 1~4km。根据相关的结论，对空中森林步道长度的标准参数进行进一步科学性分析。

表5-1 国内关于步道长度的相关标准参数

序号	出处	步道类型	参数
1	福建省城市健身步道建设类型研究（林琳等，2017）	自然生态游憩步道	1~4km
		风景名胜科普步道	小于 8km
		历史文化景观步道	小于 5km
2	自然游憩地步道系统规划设计（江海燕，2006）	观景步道	小于 8km
		健身步道	0.5~4km
		科教步道	小于 2km
3	森林公园游步道设计研究（吴明添，2007）	森林公园步道	小于 5km
4	黄山风景名胜区游步道规划建设研究（刘倩，2015）	Ⅰ级游步道	2km
		Ⅱ级游步道	大于 2km
		Ⅲ级游步道	大于 20km
5	团体标准 合成材料面层健身步道要求 T/CSVA 0102—2017（中国体育场馆协会，2018）	公园健身步道	大于 3km
		居住区健身步道	大于 0.2km
6	基于运动系统生理功能的旅游健康步道设计与实践（王冉等，2019）	旅游健康步道	6.5~7km
7	"福道"	空中森林步道	6.3km
8	金鸡山揽城栈道	空中森林步道	2.68km
9	莲花山栈道	空中森林步道	3.8km
10	山线绿道示范段	空中森林步道	4.04km
11	树顶漫步	空中森林步道	1.39km
12	巴伐利亚树顶小径	空中森林步道	1.3km
13	黑森林树冠步行桥	空中森林步道	1.25km
14	亚历山大森林步道	空中森林步道	1.6km
15	奥特威树顶漫步	空中森林步道	1.9km

空中森林步道兼备运动健身、康养功能，根据有氧运动促进健康强度的要求，8000~10000 步运动总量、时速 4.5km，且步幅 0.75m 的健步走可消耗

240~300 千卡的热量，从而达到健身效果（王冉，2019）。以该运动总量及步幅来设置空中森林步道的长度，为 6.5~7km。K. B. Pandolf，B. Givoni 和 R. F. Goldman 等在 1977 年、1979 年，以前学者关于步行体能消耗的研究为基础，形成了人体运动能量消耗预测模型，并提出预测公式：

$$M=1.5W+2.0（W+L）（\frac{L}{M}）^2+\eta（W+L）（1.5V^2+0.35VG）\qquad（5.1）$$

式中，M 为人体的能量消耗率（w）；W 为肌体重量（kg）；L 为负重（kg）；V 为行走速度（m/s）；G 为坡度；η 为运动表明的状况系数，在水平硬质路面的情况下，值为 1。

以我国《体力劳动强度分级标准》（GB 3869—1997）中的 Ⅲ 级体力劳动（重）作为人体游憩活动能量消耗率（348.1 J/s）的上限，以在中等运动强度下运动 1h 作为人体运动能量消耗值的上限，得出运动能量消耗率的最大值为 12.6kJ/（kg·h）。假设人体的标准体重为 60kg，计算得出在此运动强度下运动 1h 的能量消耗值为 756kJ（井琛，2011；吴涛，2014）。

假设一个成年人的正常步行速度是 1.5m/s，在无负重（L=0）的条件下，在水平地面上（G=0）进行游憩步行运动，根据公式（5.1），可以得到：

$$M=1.5W+1.5WV^2\qquad（5.2）$$

由此可以得出，其能量消耗率为 292.5J/s。因此，在 756kJ 的能量消耗上限下，则运动时间最长约为 0.7h，故在水平线路进行游憩运动，其长度应不大于 3877m，以达到游人保持身体健康、又可运动健身的目的。另外，考虑到在空中森林步道的建设中，定会增加一定的坡度及相关的休憩设施，以保证游人的游憩舒适性，故其长度可进行适当的调节。

综上所述，根据相关结论综合分析，基于复合功能视角下的空中森林步道长度应以 2~4km 为宜。

二、步道宽度

空中森林步道的宽度设计应以人流量为主要参考依据，根据表 5-2 中对国内步道宽度的相关标准参数的统计研究，总体来看，各类型的步道宽度在 1.5~4m，与调查问卷中人们主观认为最为合理、舒适的步道宽度在 1.5~3.6m 相符。故我国大部分的步道宽度可以满足人们的喜好与需求，给人们的游览带来舒适感。

另外，以《公园设计规范》（2016）中关于游步道宽度的规范为研究基础，对空中森林步道的宽度进行分析。主要依据以下几个要点：①根据规范中关于一般的公共游步道最小宽度为 1.2m 的规定；②根据游客站立所需宽约为 0.6m，两人并行所需宽度为 1.4m，三人并行所需要的宽度为 2.6m 的指标参数；③根据无障碍的步道设计，通行一个轮椅的宽度应不小于 1.0m 的要求；④根据空中森林步道的特殊建设方式，考虑其建设成本；⑤因空中森林步道的沿途景观以及游人对各节点的喜好有所差异，从而导致步道上不同路段的人流量不同。另外，空中森林步道一般为双向通行步道，且其建设应满足全程无障碍的建设形式，故其宽度应至少保证两个行人以及一个轮椅可以安全通行，即 2.4m。

综上所述，在复合功能视角下的空中森林步道宽度应以 2.4~4m 为宜。

表5-2　国内关于步道宽度的相关标准参数

序号	出处	步道类型	参数
1	福建省城市健身步道建设类型研究 （林琳等，2017）	自然生态游憩步道	2~6m
		风景名胜科普步道	2~12m
		历史文化景观步道	2~10m
2	风景名胜区详细规划标准 GB/T 51294—2018 （中华人民共和国住房和城乡建设部，2018）	主路	大于 2m
		次路	0.8~2m
		康体运动型步行路	0.8~2m
3	自然游憩地步道系统规划设计 （江海燕，2006）	科教步道	2~2.5m
4	北京市级旅游休闲步道规划 （北京市旅游发展委员会等，2016）	旅游休闲步道	1.5~4m
5	从景观角度谈游步道的设计 （北京绿维创景规划设计院）	主游路	3~4m
		次游路	2~3m
		游步道	1~2.5m
6	森林公园游步道设计研究（吴明添，2007）	森林公园游步道	1.5~3m
7	山地公园游步道设计探讨（吴明添，2013）	城市公园步行道	1.5~4m
8	国家登山健身步道标准 （国家登山协会，2010）	登山步道	0.6~1.5m
9	公园设计规范	公共游步道	1.5~3m，最小 1.2m

（续）

序号	出处	步道类型	参数
10	黄山风景名胜区游步道规划建设研究（刘倩，2015）	一级路	2~2.5m
		二级路	1~2m
		三级路	0.6~1m
11	居住区慢跑步道设计研究（周密，2016）	居住区慢跑步道	1.5~3m
12	山岳型风景名胜区栈道形式营造探讨（林翔，2016）	一级道路	2~2.5m
		二级道路	1~2m
		三级道路	0.6~1m
13	郊野公园游步道设计研究（郭晓贝，2012）	郊野公园游步道	0.6~1.5m
14	关于山地公园的游步道设计分析（陈彬华，2014）	公园步行道	1.5~4m
15	团体标准 合成材料面层健身步道要求 T/CSVA 0102—2017（中国体育场馆协会，2018）	健身步道	1.5~3m
16	"福道"	空中森林步道	2.4m
17	金鸡山揽城栈道	空中森林步道	4m
18	莲花山栈道	空中森林步道	3.5m
19	山线绿道示范段	空中森林步道	3m
20	树顶漫步	空中森林步道	2.5m

三、步道坡度

空中森林步道的坡度一般分为纵坡和横坡两部分，横坡的设计主要以保证路面的排水畅通为目的，一般在 1.5%~3.5% 之间。空中森林步道的纵坡坡度则要根据建设选址环境特征、沿线景观、人体体能消耗量、舒适度等多方面因素进行考量。根据相关的文献（表5-3）显示，步道的坡度集中在不大于 12°。

基于运动健身及康养功能的空中森林步道坡地设计，应在保证游人行走安全的前提下，还具有一定的运动健身及康养疗效，以致游客在步行游览的过程中达到科学有效的体能消耗量。

苏格兰著名登山运动学家威廉·奈史密斯于1892年提出了奈史密斯法则（Naismith's rule），研究了有关人体登山的时间、速度以及坡度之间的经验关系。此法则将人体上坡的运动规律归纳为：假设人体在水平路面上行走1km的时间约为12min，若在进行上坡运动时，每行走1m的距离则需要多消耗10s（井琛，2011）。同时，将下坡运动规律归纳为：假设人体在水平路面上步行 300m 所需的时间为 T，那么在坡度 –12°~–5° 的路面上进行下坡运动时，每行走 300m 的距离所需要的时间是（T–10）min；当坡度小于 –12° 时，每行走 300m 的距离所需要的时间是（T+10）min（井琛，2011）。由此可知，具有一定坡度的步道对人体体能消耗量有一定的影响，从而能够起到一定的运动健身效果。

表5-3　国内关于步道坡度的相关标准参数

序号	出处	步道类型		参数
1	北京市级旅游休闲步道规划 （北京市旅游发展委员会等，2016）	旅游休闲步道		5°~25°
2	森林公园游步道设计研究（吴明添，2007）	森林公园游步道		小于 7°
3	山地公园游步道设计探讨（吴明添，2013）	公园步道		小于 7°
		山地公园主步道		小于 12°
		山地公园次步道		小于 18°
4	国家登山健身步道标准 （国家登山协会，2010）	登山步道		15°~25°
5	黄山风景名胜区游步道规划建设研究 （刘倩，2015）	景区游步道		5°~12°
6	湿地公园游步道景观设计研究 （朱怡诺，2017）	湿地公园游步道		小于 12°
7	郊野公园游步道设计研究（郭晓贝，2012）	游步道		5°~12°
8	关于山地公园的游步道设计分析 （陈彬华，2014）	公园游步道		7°~12°
		山地公园	主步道	小于 12°
			次步道	小于 18°
9	基于自然主义风格的步道设计探讨 （李君茹，2014）	步道		5°~8°
10	基于运动系统生理功能的旅游健康步道设计与实践（王冉等，2019）	旅游健康步道		8°~12°

W. G. Rees（2004）根据奈史密斯法则中对于上坡及下坡运动规律中描述的内容进行了深入的总结和改进，将这一法则中上坡的运动规律采用以下方程进行表示：

$$\frac{1}{v}=a+bi\ (i\geqslant 0) \tag{5.3}$$

其中，a=0.72s/m，b=10s/m，i 指坡度（坡度角的正切值）。

将这一法则中下坡的运动规律采用以下方程进行表示：

$$\frac{1}{v}=a+bi+ci^2 \quad (5.4)$$

其中，a=0.75s/m，b=0.09s/m，c=14.6s/m，i 指坡度（坡度角的正切值，$|i|<0.35$）。

奈史密斯法则中所提到的数据，都是根据经验总结得出，且研究对象均为登山运动员，体力较普通人来说更好，没有全面地考虑到天气因素、路面状况、舒适度等影响到体能消耗的其他各类因素，所以在准确度上存在着一定的偏差，但是仍能够表现出人体在坡道上运动时所产生的体能消耗，对空中森林步道坡度的设计提供一定的依据与借鉴。

在具有不同坡度的空中森林步道上行走，体力活动能量消耗是不同的，则根据奈史密斯法则中关于上坡的定律，由公式（5.3）变换为：

$$v=1/(a+bi) \quad (i\geq0) \quad (5.5)$$

由于 $i=G$，将（5.5）代入（5.1），得出：

$$M=1.5W+2.0(W+L)\left(\frac{L}{M}\right)^2+\eta(W+L)\left[\frac{1.5}{(a+bG)^2}+\frac{0.35G}{a+bG}\right] \quad (5.6)$$

根据此公式，可在仅知道坡度的情况下，对游人游憩活动中上坡的能量消耗进行估算。从而得到不同坡度下人体的能量消耗率，进而估算出在人体游憩时能量消耗上限 756kJ 的情况下的运动距离，以了解空中森林步道设计中人体舒适度最高的步道坡度与相应长度。

假设人体 $W=60$kg，无负重 $L=0$kg，路面坚硬平坦 $\eta=1$ 时，可将公式（5.5）（5.6）简化为：

$$v=1/(0.72+10G) \quad (5.7)$$
$$M=90+90\left(\frac{1}{0.72+10G}\right)^2+21\left(\frac{1}{0.72+10G}\right)G \quad (5.8)$$

对人体运动能量消耗率与坡度、速度、运动距离之间的关系进行计算，可得出（表5-4）：

表5-4　不同坡度下人体运动的速度和能量消耗率

坡度（°）	速度（m/s）	能量消耗率（J/s）	1h 能量消耗量（kJ）	1km 能量消耗量（kJ）	756kJ 能量消耗量的运动距离上限（m）
1	1.12	202.9	730.4	181.5	4165.6

（续）

坡度 （°）	速度 （m/s）	能量消耗率 （J/s）	1h 能量消耗量 （kJ）	1km 能量消耗量 （kJ）	756kJ 能量消耗量的运动距离 上限（m）
2	0.94	169.4	609.9	181.1	4173.6
3	0.80	149.0	536.5	185.4	4077.4
4	0.70	135.7	488.6	192.6	3924.9
5	0.63	126.5	455.5	201.8	3746.1
6	0.56	119.9	431.8	212.4	3559.0
7	0.51	115.0	414.2	224.1	3373.7
8	0.47	111.3	400.7	236.6	3195.5
9	0.43	108.4	390.2	249.7	3027.2
10	0.40	106.1	381.9	263.4	2869.7
11	0.38	104.2	375.2	277.6	2723.2
12	0.35	102.7	369.7	292.2	2587.3
13	0.33	101.4	365.1	307.1	2461.4
14	0.31	100.3	361.2	322.4	2344.6
15	0.29	99.4	358.0	338.1	2236.3
16	0.28	98.7	355.2	354.0	2135.7
17	0.26	98.0	352.8	370.2	2042.1
18	0.25	97.4	350.8	386.7	1954.9
19	0.24	96.9	348.9	403.5	1873.4
20	0.23	96.5	347.4	420.7	1797.2

　　根据图 5-1 所示，在人体进行上坡运动的过程中，随着坡度的增加，人体的步行运动速度逐渐降低，能量消耗率也逐渐减小。这个结论似乎从表面上看来与现实的认知不符，但实际根据奈史密斯法则的研究可知，步行的速度也是影响体能消耗的主要因素。在坡度增加的过程中，导致的人体能量消耗率的增加值小于速度减小所导致的人体能量消耗率的减小值，故人体总的能量消耗值也随之减小。

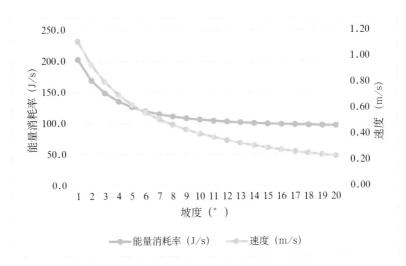

图5-1 坡度变化与速度、人体能量消耗率之间的关系

根据图 5-2 可知，随着坡度的增加，人体步行运动 1h，其能量消耗量逐渐降低；而人体步行 1km，其能量消耗量逐渐增加。

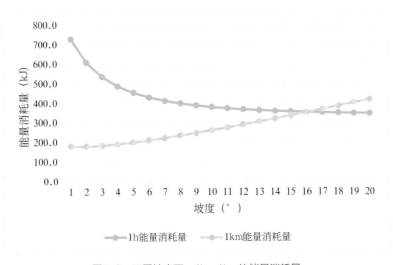

图5-2 不同坡度下，1h、1km的能量消耗量

由图 5-3 可知，在 756kJ 的能量消耗上限下，坡度越大，步行运动距离越短。因为随着坡度的变大，虽然人体的能量消耗值在总的情况下变小，但是因为速度的降低，运动距离也随之减小。根据上文提到的空中森林步道长度设计的合理范围在 2~4km，其坡度在 4°~17° 均合理。

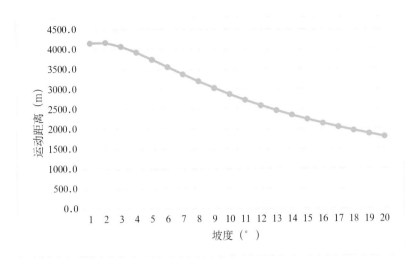

图5-3　756kJ限制下坡度与运动距离上限的关系

在具有一定坡度的空中森林步道上进行下坡运动，根据 Minetti（2010）提出的，适用于 –45°~45° 的坡度范围的，关于坡度与人体能量消耗的速率之间关系的预测公式：

$$C=280.5G^5-58.7G^4-76.8G^3+51.9G^2+19.6G+2.5 \tag{5.9}$$

其中，C 为人体能量消耗的速率 J/（kg·m）。

在人体做下坡运动时，坡度越大，导致人体的运动方式发生了一定的变化，以至于人体运动的能量消耗速率减小。

基于复合功能的空中森林步道坡度设计中，应在保证游人有一定的运动量的前提下，使游人能够在游憩过程中更加节省体力，能够保存一定的体力来完成更多的休闲游憩等活动。根据奈史密斯法则，J.M.Norman（2004）对心率、速度和坡度之间的关系进行了实验研究，最终得出关于人体在上下坡运动时节省体力的相关规律。主要内容是：如果下坡的坡度小于 1/8（约为 8°），或是上坡的的坡度大于 1/4.4（约为 13°）时，最好的节省体力的方法是采用 Z 字型的线路（井琛，2011）。

综上所述，基于复合功能的空中森林步道坡度设计，其人体的能量消耗率应该被大多数人体所接受，且可达到一定的保持健康、运动健身的目的，故空中森林步道的坡度应以 8° 以内为宜，如在地形较为特殊、不能满足 8° 以内的情况下，应以不超过 13° 为宜。

四、步道台阶

在空中森林步道的设计过程中，步道会受到建设地形、建设形式的影响，无法保证坡度的适宜性，则需要建设台阶以保证游人的游行舒适性。其中，台阶踏步的高度和踏面的宽度是影响游人步行舒适度的重要影响因素，踏步的尺寸应与人脚尺寸步幅相适应，以此来保证游人游憩的基本舒适性。根据表 5-5 数据整理可知，关于步道台阶的踏面宽度集中在 30~38cm，踏步高度集中在 10~15cm。

表5-5 国内关于步道台阶的相关标准参数

序号	出处	步道类型	踏面宽度	踏步高度	台阶级数
1	森林公园游步道设计研究（吴明添，2007）	森林公园游步道	30~45cm	10~15cm	
		山地型森林公园游步道	30~38cm	10~15cm	
2	基于运动生理学的山地居住区步行空间规划研究（吴涛，2014）	室外步行空间		10~15cm	3~18 级
		山地居住区步行空间			
3	空中步道在湿地公园中的景观设计研究（张春华，2016）	湿地空中步道		10~15cm	
4	山岳型风景名胜区栈道形式营造探讨（林翔，2016）	山岳型风景名胜区栈道		13~15cm	
5	基于运动系统生理功能的旅游健康步道设计与实践（王冉等，2019）	旅游健康步道	30~38cm	10~15cm	
6	森林公园游步道体验设计的探讨（李沁，2006）	游步道	30~38cm	10~15cm	

根据人体进行上台阶运动与其能量消耗的之间的规律关系，国外有学者通过计算运动耗氧量的方法，间接地估算了做上台阶运动的运动能量消耗量，并提出了耗氧量与热量消耗的定量关系为：1ml 氧气消耗 =20.1J 能量。

根据此观点，美国运动与药品专业学院（ACSM）又将上台阶运动的单位时间的耗氧量 $V_{O_2}[ml/（kg \cdot s）]$ 分解为静态耗氧量 R、水平耗氧量 H、垂直耗氧量 V 三部分（Armstrong L，2006），并提出公式：

$$V_{O_2} =R+H+V \qquad (5.10)$$

$$V_{O_2} =0.058+（0.2v）+（1.33 \times 1.8 \times h \times v） \qquad (5.11)$$

式中，v 为上台阶时的步频（步 /s）；h 为台阶踏步的高度（m）。

通过对运动耗氧量与运动能量消耗量之间的定量关系的分析，从而得出体能消耗率 M（J/s）与单位时间的氧气消耗量 $V_{O_2}[ml/（kg \cdot min）]$、体重 W

（kg）之间的关系，公式为：

$$M=Vo_2 \times W \times 20.1 \qquad (5.12)$$

根据公式（5.12）（5.13），得出人体上台阶时的运动能量消耗率为：

$$M=[0.058+（0.2v）+（1.33 \times 1.8 \times h \times v）] \times W \times 20.1 \qquad (5.13)$$

据上述相关研究表明，人体在平地上步行时，速度约为 1.0~1.5m/s，在坡地上的步行速度则会减小，且随着坡度的不断增大，步行的速度会逐渐变慢，在上台阶的时候步行的速度则为 90~100 步 /min。根据相关的标准规定，舒适的台阶踏面高度以 10~15cm 为宜，若超过 18cm，行走时就会感觉到劳累。根据相关的文献资料，将台阶踏面高度不超过 18cm 作为最大临界值，计算在 6m 高差、体重 60kg，上台阶的步频为 90 步 /min 的条件下，不同踏步高度所消耗的能量值，则公式（5.13）可简化为：

$$M=[0.358+（3.591 \times h）] \times 1206 \qquad (5.14)$$

由此可知，同等高差下，台阶的踏步高度在满足标准规范的前提下，踏步高度越高，同等高差下踏步的数量会变少，进而使人体能量消耗值降低，行走更为省力。同时，空中森林步道的台阶建设应满足不同的人群需求。因此，较舒适的踏步高度应为 15cm，台阶的踏面宽度应以 30cm 为宜。

台阶是空中森林步道建设中的特殊建设形式，在台阶的设计中除了需要研究其踏面宽度与踏步高度的最适参数外，还应考虑台阶上休息平台的设立，满足游客在行走过程中短暂停留休息的需求。根据相关文献资料（表 5-6）以及对空中森林步道的实地调查分析研究，建议在 10~15 级台阶处设立宽 1~3m 的休息平台。

表5-6　国内关于步道台阶休息平台数量的相关标准参数

序号	出处	步道类型	休息平台的设置间距
1	基于运动心理学的山地居住区步行空间规划研究（吴涛，2014）	室外步行空间	每隔 18 级
		山地居住区步行空间	每隔 5~6 级
2	森林公园游步道设计研究（吴明添，2007）	森林公园游步道	每隔 12~20 级处设宽 1~3m 的平台
3	基于运动系统生理功能的旅游健康步道设计与实践（王冉等，2019）	旅游健康步道	每隔 12~20 级设置宽 1~3m 的休息转换台

五、步道开合度

空中森林步道建设多处于林冠层位置，同时也有路段建设于林冠层以上或以下，因此在空中森林步道开合度的设计上，应保证游客游览过程中，能够享受到阳光，处于开放的空间状态；也能处于密闭的森林环境之中，处于封闭的空间状态。根据调查问卷中人们对于覆盖度的主观性认知及喜好，认为70%左右的覆盖度是最为合理、舒适的。人们更倾向于在大部分步道处于树冠覆盖之下的空中森林步道游览，以体验森林资源带来的舒适，但同时也需要一定的开放空间，避免过于荫蔽。因此，建议空中森林步道的开合度在50%~70%，以满足游客的喜好与需求，同时能够最大化地享受自然资源景观。

六、步道铺装

空中森林步道的铺装形式多样，根据芦原义信的"外部模数"理论（2006），在步道的铺装材质变换方面，长度每20~25m或是材质的变化，或是高差的变换，或是景观空间的变化，都可以打破单调的空间体验，降低游人在行走过程中的疲惫感，使游人能够更好地观景游憩。因此步道铺装的选择应在保持与主调统一的前提下，有简单的变化。为保证空中森林步道的安全性，其铺装应保证平整且防滑，接缝处应不大于0.3m，以防轮椅等车轮、手杖等嵌入发生危险。

七、步道标识系统

为保证空中森林步道建设的完整性，应配有相对齐全的标识系统，以保证游客在游览过程中可以快速、方便地了解空中森林步道的相关信息，以及获取到想要了解的信息，同时了解到相关的科普知识以及地域文化知识等。

通过调查发现人们对平面示意图的需求较大，故应较多地设立平面示意图标识，其内容应简单易懂，力求简明有趣。在空中森林步道的起点与终点告示牌上必须有完整的空中森林步道的平面示意图，主要介绍空中森林步道的地理位置、规模、游览线路、沿途景点。并配合文字说明，包括空中森林步道的名称、步道长度、坡度，所处环境的氧气含量、负氧离子浓度、常年温度、湿度，适合开展的运动项目介绍、能量消耗以及注意事项等详细的文字说明。空中森林步道相关告示牌应在起、终点，每隔100m左右，于步道两侧或栏杆上设立牢固、耐用、美观的告示牌，其风格、大小、颜色须与周边环境以及空中森林步道整体风格相协调，告示牌的材质可以是金属、木质、石刻、水泥、高品质化工材料等。空中森林步道的距离标识，可采用地面标识以及设立距离标识牌的方式。地面距离标识在起、终点的地面可采用较为醒目的地面标识，每隔100m再设立距离标识。如果步道长度较长，应每500m设立距离标识，地面标识可以是石刻、地贴或喷漆等。另外，人们对相关科普知识宣传标识的需求较大，根据空中森林步道的长度，在步道的起、终点，以及各休憩点位置设立健身知识科普宣牌，做法参考告示牌。如慢跑、快走、瑜伽等项目的锻炼方法与功效；运动损伤的预防与救护；运动量的评估等。

八、步道安全体系

因为空中森林步道建设位置的特殊性，在调查中发现，有部分被调查者非常注重步道的安全性，还有人表示会出现恐高反应，因此步道的安全体系应十分完善。首先，空中森林步道上应设置安全栏杆，其高度应不低于1.2m，以避免游人失足跌落，同时保证游人的心理安全。其次，若空中森林步道两旁分布着有毒、有刺的植物，应限定范围去除。另外，在空中森林步道的上方应安装摄像头、安全报警装置等电子安全系统，保证管理处能够及时与发生危险的游人取得联系，并进行救援。

九、步道休憩设施分布

休憩设施在空中森林步道的规划与设计中，是最重要的要素之一。在空中森林步道休憩点的选择上，首先要考量步道长度、坡度及游客体能负荷、地质结构安全等因素；其次要斟酌现场环境、空间腹地，以设置游憩点。在游憩设施的规划设计上，需配合森林步道的整体环境状况、空间腹地、以及步道的风格特色等。人们对座椅的需求量较大。以步行为例，不同年龄段的人体力状况不同，其疲劳距离也因人而异。一般青年人连续步行可以达到10~50min，但是老年人作为使用者中特殊群体，一般每10min的健步活动就会进行一定的休息。另外，结合调查问卷分析得出，人们认为空中森林步道休憩座椅分布距离在150~200m最为合理、舒适。建议每隔150m可建设一处小型休憩点，如座椅、休息亭等。结合调查问卷分析得出，人们认为空中森林步道休憩驿站分布距离在500~600m最为合理、舒适，建议每隔500m处建设休憩站，如休息站、能量供给站等。

十、步道基础设施

根据空中森林步道的长度，游客承载量及需求，对相关的基础设施分布距离进行规划。通常卫生间的服务半径不宜超过250m，又因空中森林步道呈线性分布，故以500m的分布距离建一处卫生间为宜。空中森林步道照明设施的分布距离与数量应根据所选灯具的照明范围来确定，以保证步道的每一部分都可以得到照射。垃圾桶的设计应与步道景观相协调，展现环保理念，通常根据步道的长度、游客的游览时长等来确定垃圾桶的分布距离。一般的垃圾桶设置距离通常在300m左右，但因空中森林步道建设位置较高，如若垃圾桶分布不足，游人因无处扔垃圾而随手扔在步道上，垃圾会掉落，难以清理，长时间积累，对森林生态系统造成破坏，所以应该酌情加大垃圾桶的数量，减小其分布距离，因此，以不超过200m设立一处垃圾桶为宜。

十一、步道智能系统

随着科技的不断发展，空中森林步道的建设应与科技相结合。智慧化功能设施可包含智能计步、里程数、能量消耗、配速、计时、运动路线选择、点标感知、定位、音乐随行、语音播报、科学运动处方、健身视频、社交分享等功能。同时，可设立电子屏幕等，游客可通过手机软件了解自己的运动数据，如个人运动里程、耗时、平均时速、消耗的卡路里以及个人历史运动数据对比和个人运动轨迹记录。同时，可以利用各类软件，根据获取的相关信息，来制定个人运动目标及运动方式。

综上所述，我们认为，在设计空中森林步道时，根据空中森林步道设计中的关键要素指标的探讨如下：

（1）根据相关文献对于步道长度的界定、国内外空中森林步道的建设长度、调查问卷中游客的喜好与主观性认知，以及人体运动与能量消耗之间的定量关系，建议基于复合功能视角下的空中森林步道长度应以2~4km为宜。

（2）根据相关文献对于步道宽度的界定、国内外空中森林步道的建设宽度、调查问卷中游客的喜好与主观性认知、无障碍设计，建议在复合功能视角下的空中森林步道宽度应以2.4~4m为宜。

（3）根据相关文献对于步道坡度的界定，以及人体在不同坡度下的能量消耗关系，建议基于复合功能的空中森林步道的坡度应以8°以内为宜。

（4）根据相关文献对于台阶踏面宽度、踏步高度的参数界定，以及人体进行上台阶运动与其能量消耗的之间的规律关系，建议踏步高度为15cm，台阶的踏面宽度为30cm，在10~15级台阶处设立宽1~3m的休息平台。

（5）根据游客的喜好与需求，空中森林步道的开合度在50%~70%为宜；铺装形式因有一定的变化，接缝处应不大于0.3m。

（6）通过对游客的需求调查、实地调查，以及相关的文献查阅，空中森林步道的标识系统应具备平面示意图标识，每隔100m左右应具备相关告示牌，每隔100m应有距离标识，步道较长则应每隔500m设立距离标识，并设立各类科普知识宣传标识、安全警告牌等。

（7）根据空中森林步道休憩点的选择考量要素、调查问卷中游客的喜好与主观性认知，建议每隔150m建设一处小型休憩点，每隔500m建设休憩驿站。以500m为分布距离建立一处卫生间，200m设立一处垃圾桶。同时，随着科技的发展，增加各类智慧化设施的使用。

第二节　集成构建模式

一、集成指标体系

根据研究所得出的结论，将各影响因素与参考要素进行整合，完成空中森林步道综合要素指标集成构建，如表5-7所示。

表5-7　综合要素指标集成构建体系

系统构建	影响因素	参考要素	关键指标	指标参数
建设结构系统	风格特色因素	风格要素		
		地域特色要素		
		人文文化特色要素		
	形式结构因素	走线形式与框架结构要素		
		构建结构技术要素	长度	2~4km
			宽度	2.4~4m
			坡度	8°
			台阶	踏步高度15cm，踏面宽度30cm

（续）

系统构建	影响因素	参考要素	关键指标	指标参数
建设结构系统	形式结构因素	铺装要素	铺装材质	
			铺装质感	
			铺装色彩	
			铺装图案	
景观环境系统	康养景观因素	康养环境要素	负氧离子	1000 个 /cm³ 以上
			湿度	45%~65%
			氧气含量	
			颗粒物含量	35μg/m³ 以下
			温度	25℃
			无菌条件	
		康养植物景观要素	康养植物种类	
	自然景观因素	森林景观要素	森林植被景观	开合度 50%~70%
			新种植植被景观	
		水体景观要素		
配套设施系统	基础设施因素	公共设施	卫生间	间隔 500m
			照明设施	保证全部有光
			垃圾桶	间隔 200m
		安全体系	应急通信设施	
			摄像头	
	服务设施因素	休憩设施	休憩点	间隔 150m
			驿站	间隔 500m
		运动健身设施		
		康养体验设施	康养体验馆	1 个
		科普教育设施	科普馆	1 个
		餐饮设施	便利店	1个，或在起、中、终点设立自助贩卖机
			餐厅	尽量避免
	标识系统因素	识别性标识	区位标识牌	
			设施标识	
		导向性标识	线路图	
			指示牌	间隔 100m

（续）

系统构建	影响因素	参考要素	关键指标	指标参数
配套设施系统	标识系统因素	导向性标识	地面标识	步道较短间隔100m，步道较长间隔500m
		信息性标识	平面示意图	起、终点
			科普宣传图	起、终点
		管理性标识	警示牌	

二、模式设计参考

根据对空中森林步道的研究，参考综合要素集成指标，按照其关键指标要素最适参数，对空中森林步道的基本样式进行模拟设计，构建兼顾空中森林步道综合要素集成指标的步道模式，为空中森林步道建设提供基本参考。

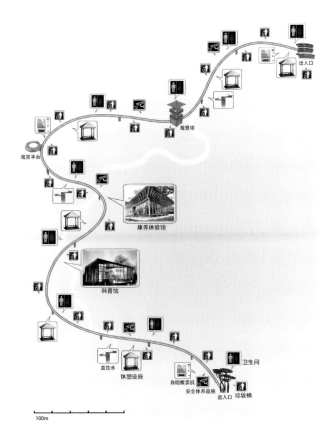

图5-4 空中森林步道简化模式图

图5-5 空中森林步道局部模拟鸟瞰图

目前，我国对于空中森林步道的建设逐渐增多，但是还没有完整的相关专题性研究，对其规划与设计中的理论指导较为缺乏。本研究对空中森林步道规划与设计中的游客喜好与需求，以及各个影响要素进行分类分析，并对关键要素指标进行了探讨分析，构建了空中森林步道规划与设计因素体系，并给出了关键要素指标的参考参数，为空中森林步道的规划与设计提供了一定的理论支撑。

本研究是空中森林步道理论研究的一次尝试，在具体的实验调查中可能还存在许多问题，研究不够全面完善，希望能够有更多的感兴趣者加入，进行进一步系统化的深入研究与不断创新。

06 第六章

宝天曼空中森林步道规划

第一节　项目概况

一、区位条件

宝天曼自然保护区位于河南省南阳市内乡县，南北长 28.5km，东西宽 26.5km，总面积约 9304hm²，地处秦岭东段，伏牛山南麓，地理坐标介于东经 111°47′~112°04′，北纬 33°20′~33°36′ 之间。东临南召，北临嵩县，西接西峡县，南部与夏馆、七里坪等乡镇接壤。

项目地处于宝天曼自然保护区的实验区位置（图 6-1），靠近宝天曼宾馆和汇银酒店，规划范围以山体为界，项目地块南北长 1474m，东西宽 813m，占地面积约 0.12hm²。空中森林步道处于方形地块内，连接两个宾馆，方便游客快捷到达步道。项目地森林茂密、森林资源类型多样、山体变化丰富，是进行森林康养活动的最佳场地（图 6-2）。项目地处于宝天曼宾馆和汇银大酒店之间，两个酒店距离 300m 左右，高程差为 13m，由一条缓坡道路相连，空中森林步道将建在两个步道之间，使游客更加方便快捷地到达步道。其中，宝天曼宾馆的西面，即森林入口处有一面积约为 350m² 的广场，考虑可将其作为步道的入口广场，承载疏通人流量的功能。

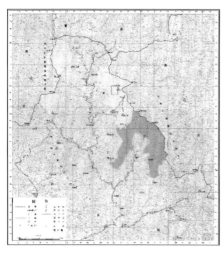

图6-1 宝天曼自然保护区功能分区图　　　　图6-2 规划范围图

二、项目背景

　　宝天曼景区现有 3 条健康登山线路，原始森林生态线、秋林河谷飞瀑线和奇石险峰线。原始森林生态线全长 4km，游览时间大约为 2h，此条游览线路主要呈现原始森林的风貌，景点有百尺挂冰、豹子岭、千年栎王、静心台、杜鹃岭、回音壁、四个庙等；秋林河谷飞瀑线全长 2km，游览时间大约为 1.5h，呈现山谷和瀑布景观，主要景点有幻影潭、合欢瀑、听瀑台、飞龙瀑等；奇石险峰线全长 7km，游览时间大约为 5h，此条线路坡度较大，怪石嶙峋，攀爬需要一定的体力支撑，主要景点有望将台、仙风口、骆驼峰、化石尖、观峰台等（如图 6-3）。3 条步道的线路是以登山和爬坡为主，体力消耗较大，适用于腿脚健康、有力的年轻人，而缺少适用于老人、儿童甚至残障人士使用的步道，修建空中森林步道可迎合全龄段人群的需求，不仅能为老人、儿童、残障人士等提供享受森林福祉的机会，对于青年人来说也是一种更加方便、快捷的游览方式。

三、特色康养资源

（一）森林植被康养资源

　　宝天曼自然保护区内植物资源十分丰富，森林覆盖率达到了 99.8%，不仅有高山松林、箭竹子林等次生林，还有多个原始生物群落，如高山草甸、千

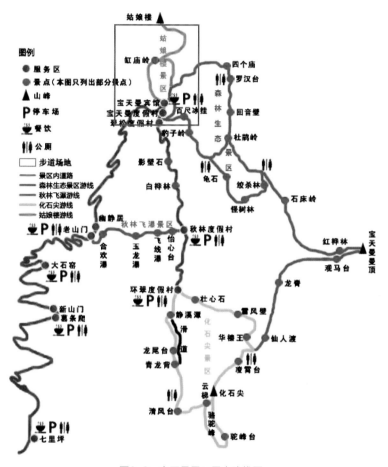

图6-3 宝天曼景区景点路线图

亩野生黄花菜等。这些不同的植物群落，随着山势的起伏，构成了完整的垂直带谱。另外，本区域还有高等植物2911种，其中包含了温带的青冈（*Quercus glauca*）、华榛（*Corylus chinensis*）、水曲柳（*Fraxinus mandshurica*）等；暖温带的蝟实（*Kolkwitzia amabilis*）、紫斑牡丹（*Paeonia suffruticosa* var. *papaveracea*）；亚热带的水青树（*Tetracentron sinense*）、天目木姜子（*Litsea auriculata*）；热带植物桢楠（*Phoebe zhennan*）、天竺葵（*Pelargonium hortorum*）等。因为本区域属于南北温度带的过渡地带，其植物的种类也呈现出过渡地带交替的特征。宝天曼自然保护区森林资源丰富，植物的花、叶、根、枝、芽等组织的油腺不断分泌一种能杀死细菌和真菌的挥发性有机物——芬多精，人类接触这种植物精气，可促进免疫蛋白增加，增强人体抵抗能力，还能止咳、平喘、祛痰、利尿、促进分泌均衡，对心律不齐、冠心病、高血压、水肿都有一定疗效。项目场地处于这样的森林大环境中，非常适合开展森林康养活动（图6-4）。

图6-4　宝天曼森林资源实景照片

（二）海拔地形康养资源

宝天曼自然保护区地形特点是山麓缓长，山体坡度较大，海拔较高，河谷较深。地貌大部分为中山，少数为低山，其中河漫滩、悬崖等交替的地貌处于低山区域。处在中山地带以上的河谷，主要为坡度较大的山涧溪谷。宝天曼的地貌形成于中生代的印之运动和燕山运动，地壳的凸起，增强了流水的侵蚀作用，形成了高差较大的地势，同时形成多处深山谷地，在山区内形成了湿润的小环境，成为动植物生存的适宜环境。宝天曼自然保护区整个地势东北高，西南低，山势险峻，地形复杂，海拔高度为650~1830m，坡度随地形变化，多在30°~60°。

海拔高度对人体的健康状况有很大的影响，据生理卫生实验研究，人类生存的最适海拔高位为800~2500m，而世界著名的长寿地区海拔高度大多数都集中在1500m。本项目地海拔高度为1300~1700m（图6-5），处于有益海拔范围之内，此区域有着高浓度的负氧离子，适宜的空气湿度，洁净的大气环境，对肺功能、造血功能等都有促进作用，同时还能起到促进大脑的健康和机体长寿的作用，久居于此，还有助于哮喘、支气管炎、高血压、偏头痛及冠心病等疾病的治疗和康复。

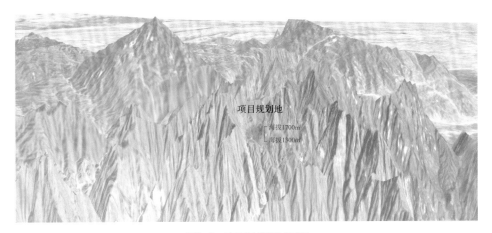

图6-5　宝天曼地形展示图

（三）区域环境康养资源

　　选取宝天曼旅游区旅游旺季中的7、9、10三个月，分别进行气象因子的日变化分析（图6-6至图6-8），可知，对于夏季来讲，宝天曼是一个避暑的好地方，温度保持在20℃左右，适合进行康养活动。湿度在30%~100%范围内浮动，负氧离子浓度长期处在较高的平稳状态，风速小且变化较小，符合森林康养环境的要求。

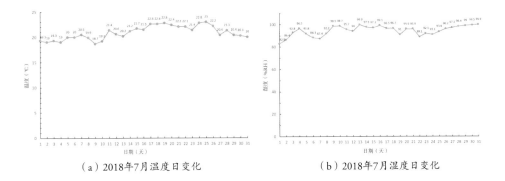

（a）2018年7月温度日变化　　　　　　　　（b）2018年7月湿度日变化

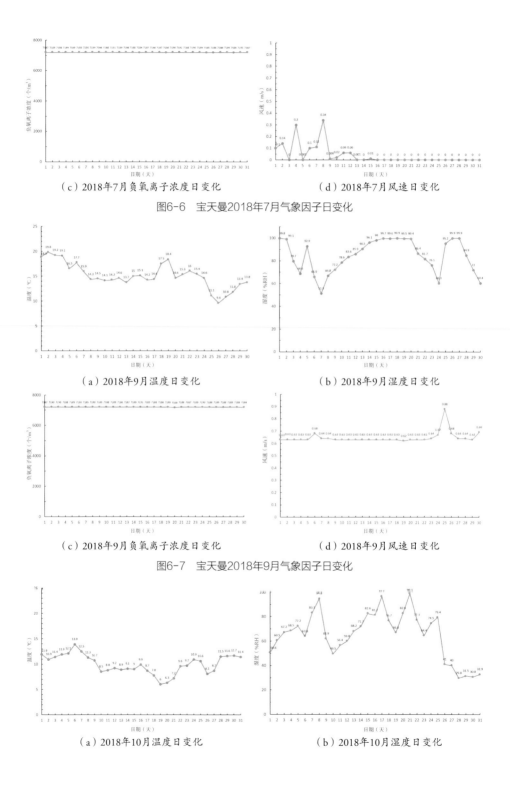

（c）2018年7月负氧离子浓度日变化　　　　　（d）2018年7月风速日变化

图6-6　宝天曼2018年7月气象因子日变化

（a）2018年9月温度日变化　　　　　　（b）2018年9月湿度日变化

（c）2018年9月负氧离子浓度日变化　　　　　（d）2018年9月风速日变化

图6-7　宝天曼2018年9月气象因子日变化

（a）2018年10月温度日变化　　　　　　（b）2018年10月湿度日变化

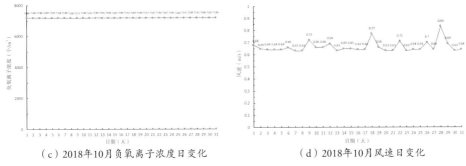

（c）2018年10月负氧离子浓度日变化　　　　（d）2018年10月风速日变化

图6-8　宝天曼2018年10月气象因子日变化

（四）张仲景康养文化资源

河南省南阳市是医圣张仲景的故乡，这里有丰厚的中医养生文化，每年会定期举办张仲景中医药文化节，旨在打造"中国健康之都"，推动中国中医药产业及健康服务业的持续发展（图6-9）。同时，南阳是一座天然药库，中医药已经成为南阳的特色产业、优势产业。在宝天曼空中森林步道中可规划主题文化节点，融入张仲景养生文化。

图6-9　南阳张仲景中医药文化节

第二节　规划原则与定位

一、规划原则

（一）保护优先原则

森林是人类文明的摇篮，是自然留给我们最宝贵的财富，人类的生存离不开森林的作用，森林是"地球之肺"，具有调节气候、保持生态系统稳定的作用。因此，宝天曼森林步道的规划需要运用生态学、景观学等理论知识，在保护森林资源的前提下进行步道的选线、步道的架设、节点的布置等，以期形成多元复合、立体多维、整体统一的森林步道景观。同时，应充分发挥森林的疗愈功效，满足不同人群的保健需求，实现森林康养步道的功能价值。

（二）以人为本原则

人类是世界的主宰者，随着社会经济的不断发展，城市的各项建设都是伴随着人类的意愿而产生的，而规划建设的目的都是为了人类能更好地生活与生存。人是步道的主要享用者，人的行为习惯、活动爱好等决定了步道的建设内容。宝天曼森林步道的规划设计将以人的感受为主，进行人性化的设计，考虑好各个交通流线，采取全程无障碍的形式，打造全龄化的森林步道，并充分考虑最适宜人体活动的各项指标，包括道路的长度、宽度、坡度、开合度等。

（三）立体多维原则

空中森林步道是一种全新的步道形式，景观空间不局限在一个平面之内，它是由多个立体空间交叉组合而成，本项目旨在打造地下、地面、地上一体化立面活动的框架，通过艺术性、景观性、多功能的垂直交通空间连接各个维度，打造宜人的桥上和桥下空间。

（四）整体化原则

空中森林步道是一个立体的步道系统，由不同平面的步道相互交叉结合而成，在步道的规划中要保证各个空间系统的连通性、整体性和高品质，保证连廊的流畅性，起点空间、过渡空间、高潮空间、收尾空间，各空间有序展开，使不同空间的步道风格保持一致，充分利用现状资源，与周边森林环境相互融合，相映成趣、和谐共生、浑然一体，从而在构图上达到理想的效果，使整个空中森林步道呈现出一幅优美的画卷。

（五）安全美观原则

在进行宝天曼空中森林步道规划设计时，要把安全性放在首要地位，在满足舒适优美的环境同时，要考虑到特殊人群在步道上行走的安全因素，考虑防护栏、坡度，并按时对步道上的设备进行检修等，让人们在森林景观中感到舒适安全，注重无障碍活动空间的细部设计，加强对尺度的要求。

（六）景观与康养文化相融原则

空中森林步道景观建设是对一般地面步道建设中生态环境的一种补偿，同时森林康养文化也是步道规划的一个重要主题，空中森林步道应该成为展示地域养生文化的载体，在步道建设过程中应该尊重地域生态环境的场所特征，凸显地域生态文化的特点。南阳市是医圣张仲景的故乡，有着浓厚的养生文化知识，在步道的规划中加入文化元素，包括原始森林文化、中医养生文化等，有利于促进我国生态文明的建设，促进养生文化的传播。

二、规划定位

（一）全民健身的康养之路

宝天曼空中森林步道全程采取无障碍设计的形式，这不仅有利于身体不便的人群通行，对于健康人群来说也是一种快捷、方便的步行方式，在这里没有年龄的限制，更没有身体的限制，只要想拥有漫步林端的体验感，不论是谁都能在这里实现这个愿望。宝天曼自然保护区古木参天、潭清水秀、空气清新、负氧浓郁，而空中森林步道就位于自然保护区内，漫步在林端步道之上，沐浴在森林氧吧之中，是一条通往健康、通往快乐、通往幸福的林间步道。

（二）生态和谐的自然之路

宝天曼自然保护区不仅有遮天蔽日的原始森林，还有众多的野生动植物，是天然的物种基因库。空中森林步道与森林环境具有相融性，步道的起伏、降落均随着自然地形、林分大小而变化，在地形上升的地段，步道也随之抬升，使步道成为森林环境中的一部分，与森林大环境成为一个整体。漫步在林端，向森林地面望去，还会发现森林中小动物的身影，身边伴随着鸟儿的欢叫声，仿佛自己已成为其中的一员，与自然融为一体，感受到自然的怀抱，和谐而美好。

（三）引领健康的创新之路

宝天曼空中森林步道的建设将成为国内首条以森林康养文化为主题的空中

森林步道，是将空中森林步道融入康养文化的内涵，是一种全新的理念，具有创新性。纵观国内的森林康养步道，规划设计比较保守，步道比较常规，没有标志性的代表节点，而宝天曼空中森林步道将采用空中步道与螺旋塔形建筑相结合的形式，邀请国内知名建筑设计机构进行外形的设计，这种新的建设形式不仅可以缓解高差、在有限的空间内延长步道的长度，还能使游客体验从森林底层到冠层再到树顶的过程，在树腰和树冠间游弋穿梭，为游客提供不同的视野，享受不同的空间体验感。

第三节　步道选线

一、线路选取

宝天曼空中森林步道线路的选取是经过多次现场踏查，借助 GPS、户外助手 APP 等定位软件，通过对地形较缓、景观资源较丰富地点，树木自然生长留出的廊道空间、生态敏感度较低空间以及动物迁徙廊道空间做定位记录，并使用 ArcGIS 软件对高程、坡度等进行分析，最终得出步道的最终线路大致走向。

在步道的选线中，地形是步道建设的基础，对于步道的架高程度、舒适度具有至关重要的作用，在高程差较大的区域，地形还决定步道是否展线等关键问题，步道的规划应尽量与现状山体地形相结合，沿着等高线进行规划，采用自然流畅的曲线形，减少步道对原有景观资源的改变或破坏。步道系统尽量呈环状结构，避免走"回头路"，造成游客的视觉疲劳，顺着地形的走向进行步道线路的规划是选线工作中的要求（林继卿，2009），同时也是一种顺应自然的做法，能起到事半功倍的效果。借助 ArcGIS 软件对项目区域的高程进行分析（图6-10），掌握山体的变化趋势以及各点的高程数据，得出步道大致走向为由西向东北方向延伸再向东南方向偏折。

坡度指的是地面的倾斜程度，是每个地理单元相对领域内的地理单元的高度变化，坡度变化对步道的选线有一定的影响。坡度较小，地势较平坦，坡度较大，地形起伏变化大，选择合理的坡度范围，是步道建设的关键内容，选线中要尽量避开坡度较大的区域，避免给施工造成难度（张冠娉，2012）。通过 ArcGIS 软件对项目区域的坡度进行分析，得出项目地西南部坡度较小，北部山区坡度较大，因此，步道的线路选取与高程相一致，选择坡度图（图6-11）上绿色和黄色显示部分，避开红色显示区域。

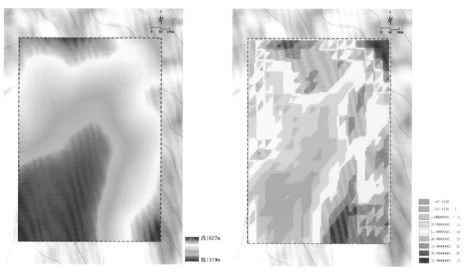

图6-10　研究区域高程分析图　　　　　　　　图6-11　研究区域坡度分析图

此外，本研究还对项目地的景观资源进行分析（图6-12），可以得出，项目地林分由华山松（*Pinus armandii*）、落叶松（*Larix gmelinii*）、藿香（*Agastache rugosa*）、栎树（*Quercus acutissima*）组成，其中栎树为主要树种，步道的选线应经过林分较多区域，通过不同树种的转换，呼吸不同种类的植物精气，将对身体肌能产生多方面的促进作用，同时，区域内有两块面积较大的高阶台地，台地地形较平缓，可以与空中步道相结合，打造不同空间维度的步道系统。

基于以上分析，最终形成如图6-13所示线路的大致走向。线路途经区域可视景观高程在1200~1600m，所选线路海拔高程在1360~1450m，步道最高点与最低点高差控制在90m左右。主要通过两种方式解决步道高差问题：一是通过调节空中步道不同立柱的高度以及适当延长步道线路长度，使一定的高差问题得以解决；二是通过结合螺旋上升的塔形建筑物等辅助手段实现高差的平缓过渡。此外，为方便游客轻松进入步道，将宝天曼宾馆西侧广场作为步道的起始点，汇银酒店为终点，并使空中森林步道与连接两个酒店的现有地面步道相结合，形成环形步道系统，同时，可将宝天曼宾馆东侧广场与空中步道主体部分相连接，满足部分游客短时间的步行体验需求。

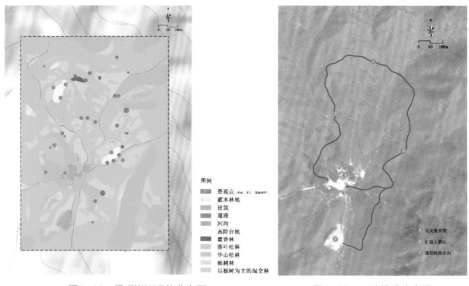

图6-12　景观资源现状分布图　　　　　　　图6-13　所选线路走向图

二、线路现状资源

（一）现状资源总体分布

对所选步道周边现状资源分布情况进行系统分析（图6-14），从整体上把握步道的背景环境，形成整体意识，使步道的规划具有整体统一性。从现状资源总体分布图可以看出，步道线路先后经过了华山松林、栎树林、华山松林、栎树林、落叶松林、栎树林，不同的林区又分布多种森林景观，如何将这些景观串联在一起，形成风格统一的整体是进行规划的关键所在。

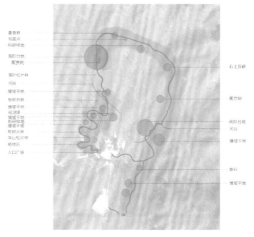

图6-14　现状资源总体分布图

（二）现状资源分段分析

在对现状资源进行"面"的分析基础之上，进一步进行"线"和"点"的分析，"线"层面的分析有助于形成步道的线条美感，"点"层面的分析将指导节点内容的规划。依据海拔地形等将线路分成7段（图6-15），并对每段的景观分布情况进行分析，深入挖掘现状资源的功能，依据现状提出步道规划的初步设想（表6-1）。

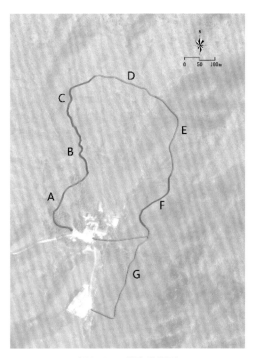

图6-15　线路分段图

表6-1　所选线路现状分段分析

段数	分段依据	现状分析	规划设想
A	海拔高度1360~1390m，地形缓慢上升，坡度较小，以松林和栎林为主	有入口广场、华山松林、栎树林、植物园（待建）、科研塔、小河沟等	步道起始阶段，采取缓慢上升的方式，结合现状松林设计松针养生场地，结合植物园设计观赏珍稀植物的平台，在缓坡平地处设计适合平地的游木玩具
B	海拔高度1390~1450m，地形较陡，坡度较大，以松林为主	有华山松林、缓坡平地、陡坡、小河沟等	地形较陡，设计盘旋上升的塔形建筑物，抬高成为整个步道的制高点，在缓解较大高差的同时，可以从不同的角度感受森林景观，倾听大自然的声音，放松心情
C	海拔高度为1450m左右，有高阶台地，以栎树为主	有高阶台地、深沟、栎树林等	结合高阶台地设计康养节点，在深沟上设计具有康养功能的玻璃栈道
D	海拔高度1430~1450m，地形平缓，缓慢下降，以栎树为主	有藿香林、制高点等	海拔较高，空气较好，适合规划一些对呼吸有康养效果的活动，如：呐喊、呼吸等，此处树林较密，干扰性良好，可设计进行冥想活动的空间

（续）

段数	分段依据	现状分析	规划设想
E	海拔高度1400~1430m，地形平缓，缓慢下降，树木多以栎树为主	有小河沟、栎林、苔藓景观、藤缠树、风倒木、拦石树等	地形整体较平缓，可以开展在地面进行的健康小径的体验活动，满足不同人群的需求
F	海拔高度为1390m左右，海拔高度平稳，有高阶台地，台地东面为较深河谷，树林以栎林为主	有河谷、缓坡平地、高阶台地等	河谷景观，水流丰富，可使空中步道和水边栈道相结合，丰富游客的体验感
G	海拔高度1380~1360m，地形缓慢下降，坡度较小，树林以栎树为主	有小河沟、堆石、缓坡平地、彩叶树种、石上苔藓等	步道的结束部分，可利用光影产生迷幻森林的效果，激发人们对于森林的向往

1. A段现状

A段为起始阶段，地势较缓，树种以华山松和栎树为主，现状部分以入口广场、植物园（待建）、科研塔、缓坡、小河沟为主（图6-16）。此段海拔较低，树龄相对较小，可利用现状缓坡地形，通过优美的曲线盘旋步道形式，使步道逐步升高，打造漫步林端的空间感受。

入口广场　　　　　　小河沟　　　　　　栎树林

植物园（待建）　　　　缓坡　　　　　华山松片林　　　　科研塔

图6-16　A段现状照片

2. B段现状

B段以华山松林、缓坡平地、陡坡、小河沟为主（如图6-17）。此段高差较大，在保证全程无障碍要求下，需要通过展线来缓解高差，因为场地有限，因此采取螺旋盘旋上升的步道形式，打造在林间树腰、树冠、树顶穿梭游弋的空间感受。

小河沟

陡坡　　　　　　　缓坡平地　　　　　　　缓坡片状森林

图6-17　B段现状照片

3. C 段现状

C 段以高阶台地、观赏树、陡坎、栎树林为主（图 6-18）。此段主要为高阶台地，虽然海拔较高，但是地势相对平坦，可成为空中步道和地面步道的结合点，开展一些静态康养活动。

陡坎　　　　　　　　观赏树　　　　　　　　高阶台地

图6-18　C段现状照片

4. D 段现状

D 段以藿香林、彩叶树为主（如图 6-19）。此段树木冠大荫浓，可形成线性的森林空间。

5. E 段现状

E 段以栎林、小河沟、苔藓、藤缠树、拦石树、石块为主（如图 6-20）。此段树木较稀疏，地形较平缓，场地较平整，可与空中步道相结合，由支路连接到地面，为游客提供接触森林深处的机会。

霍香林

栎林

图6-19　D段现状照片

河边沟大石板

藤缠树

陡坡

河边沟人石板

苔藓

耸石树

栎树

图6-20　E段现状照片

6. F段现状

F段以高阶台地、河谷为主（如图6-21）。此段有高阶台地，又有景色优美的河谷，负氧离子浓度高达10000个/cm^3，可以形成复合结构的步道形式。在高阶台地上进行康养活动，通过河谷上方的空中步道欣赏河谷整体景观，而在河谷水面上开设临水的木栈道，享受临水漫步的时光。

河谷景观　　　　　　　　　　　　　　　高阶台地

图6-21　F段现状照片

7. G 段现状

　　G 段以栎树、小河沟、堆石、缓坡平地、彩叶树种、苔藓景观为主（图 6-22）。此段地形缓慢下降，连接两个宾馆，可将此段打造成白天和夜间能同时使用的路段。

终点栈道　　　　　　小河沟　　　　　　堆石

彩叶树　　　　　　缓坡平地　　　　　石上苔藓　　　　栎树林

图6-22　G段现状照片

第四节　平面布局

一、平面布局策略

本项目采取"一线、五区、多点"的规划策略（图 6-23、图 6-24）。

"一线"：即贯穿整个场地的主题空中步道走廊，空间变化丰富，形式多样，将游客从地面带到树腰、树冠以及树顶位置，体验不同的环境康养因子，是一条全程无障碍的全龄化森林步道。

"五区"：即步道的五个主题区域。一是森林休闲漫步区，二是心肺功能舒缓区，三是森林活动体验，四是河谷富氧保健区，五是森林趣味游乐区。

"多点"：即散步在步道上的 28 个主题节点，这些节点的规划内容，均由现状决定，充分利用森林现状特点，规划有益于人体健康的康养活动。

"一线""五区""多点"构成了宝天曼完整的空中森林步道体系，使步道具有整体感和韵律感，既满足功能的需求，也满足设计美学的要求。

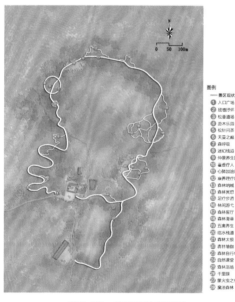

图6-23　线路总体布局图

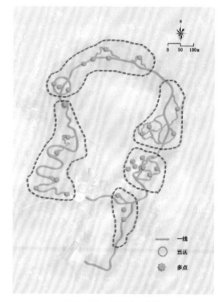

图6-24　规划策略图

二、点状布局——"多点"

空中森林康养步道沿途共规划 28 个节点，每个节点内容不同，具有不同的康养主题，对人体不同的组织器官具有保健作用（表 6-2）。

表6-2 步道节点详解

序号	名称	现状	规划内容	建议使用人群	康养功能体现
1	入口广场	硬质铺装广场,能满足人流分散	设计售票、讲解手册领取点等,满足进入步道之前完成准备工作的需求	全部	放松心情,忘记城市压力,将大脑放空,激发进入森林的热情
2	揽植抒怀	未来待建植物园,拥有珍稀植物品种	结合空中步道,设计空中的平台,观赏珍稀植物	全部	舒缓心情,缓解都市压力
3	松香草场	华山松片林,地形平整	利用片林,平整场地,做成草场,体验松针	全部	松针的味道对人体有益,可以缓解疲劳等
4	游木乐园	缓坡平地,树木稀少	利用森林中废弃的树木桩、树杆等做成森林中的游木玩具,进行游戏	青少年	增进青少年之间的交流,治愈孩童的自然缺失症
5	松针问茶	华山松片林,临河谷,地形平缓	基于现状环境,放置一些座椅等设施,品尝森林产品	全部	松针茶有助于降低血压、软化血管、提高人体免疫力等作用
6	天曼之巅	地形较陡,山势险峻,是低海拔向高海拔的一个过渡地带	重点在于处理高差,规划采取螺旋攀升的塔形方式,将此处打造成宝天曼的最高点,感受宝天曼的整体风貌	全部	坡度控制在7%以内,降低对膝盖的损伤,在制高点视线开阔,可以放松心情
7	森呼吸	高阶台地,东面有陡坎,海拔较高	规划设置可以进行腹式呼吸的长条椅背	全部	进行腹式呼吸有助于去病气、扩大肺活量,改善心肺功能
8	迷幻栈道	悬崖深沟	结合镜面反射,规划玻璃栈道,形成四面反射的效果	不建议有身体疾病的人群使用	可以刺激五感,增强方向感,加强自信心,尝试进行身体和精神的交流
9	养生文化墙	高阶台地	在高阶台地边缘规划兼具安全防护功能的养生文化展示墙	全部	展示森林康养文化的内涵,促进森林养生文化的传播
10	藿香疗人	大片藿香	设计味道收集装置,通过装置将空中步道与藿香林相连	不建议对藿香过敏人群使用	藿香具有芳香化湿、解暑辟浊、夏天解暑、缓解感冒等功能
11	心肺加油站	线路的制高点,树林茂密	设计带有呼吸柱的显示指数的装置,并且有正常的范围值,可以进行对照	全部	锻炼人体的心肺功能
12	康养理疗站	树林茂密,且是线路走向的中间位置	建设理疗站,可以对人身体的各项指标进行检测	全部	保证肌体健康

（续）

序号	名称	现状	规划内容	建议使用人群	康养功能体现
13	森林呐喊	视野开阔，树林密度大	结合《黄帝内经》中五声的内容设计能显示口型对错、声贝高低的装置，并显示正常范围值	全部	不同口型的出气、呐喊对人体的五脏具有积极的锻炼作用
14	森林冥想	树林密度大，隐蔽性强	结合私密的环境，设计一定的空间来进行冥想	全部	森林冥想可以将大脑放空，使大脑保持年轻，减少不良情绪，保持心理健康
15	康养小径	地势平缓、场地充裕	设计不同材质的多条体验步道，满足不同人群的需求	不建议腿部不适人群使用	足底有很多人体当中的重要穴位，在足疗步道上行走，能享受到自然的脚底按摩
16	林间游弋	古树较多，地形较平缓	在古树间设计吊桥，通过吊桥连接古树	全部	在大树间穿越，体验丛林穿越的乐趣
17	森林客厅	树木冠大荫浓	分别在游弋的几棵大树周围做树上的休息空间	全部	在树下休憩感受森林的神圣
18	森林滑草	树木稀疏、有一定的坡度，草地生长旺盛	结合场地，设计在草地上进行的滑草项目	不建议残障人群使用	丰富森林体验活动，增添乐趣
19	五禽养生	高阶台地，东侧为河谷，负氧离子浓度高	结合中医五禽戏养生文化知识，设置锻炼平台，并放置显示屏，播放五禽戏动作	不建议残障人群使用	五禽戏是中医养生中的重要内容，能起到强身健体、延年益寿的作用
20	临水栈道	山谷、水流、彩叶树，环境优美	沿河流设计亲水的栈道，感受水边的高浓度负氧离子	全部	水边有高浓度的负氧离子，可以调节人体生理机能，消除疲劳
21	森林太极	高阶台地，地势平坦，森林环境	设计可以进行太极锻炼的平台	不建议残障人群使用	太极体现了我国的养生文化，同时，也是一项保健运动，练习太极可以焕发身体机能，通畅经络，增强心脏功能
22	森林瑜伽	高阶台地，地势平坦，场地较大	设计可以进行森林瑜伽的场地及平台	不建议残障人群使用	在森林里练习瑜伽可以起到修身养性的作用，是达到身体、精神与心灵和谐统一的运动方式
23	森林自行车	处于高阶台地，东面河谷，四周森林环境	设计木质躺椅，进行空蹬自行车运动	不建议残障人群使用	空蹬自行车可以锻炼腹部及下肢的力量，并且能起到瘦腿的作用
24	自然课堂	处于河谷东面，负氧离子浓度高，缓坡平地	在缓坡上设计看书的场所，书目主要是针对原始森林的科教内容，开展自然教育	全部	自然教育可以促进青少年的健康成长，弥补自然缺失症，了解自然，与自然和谐共处

（续）

序号	名称	现状	规划内容	建议使用人群	康养功能体现
25	森林浴场	处于河谷东面，缓坡、森林茂密	设计开展森林浴的场地及设施	全部	森林浴可以降低血压，提高免疫系统功能，降低压力激素水平
26	千里眼	海拔较低，视线开阔	设置多角度的望远镜及镜筒	全部	利用望远镜进行远观，锻炼视力，利用空镜筒进行定点观测，锻炼注意力
27	萤火虫之夜	步道的结束阶段，距离两个宾馆比较近	利用灯光打造夜间森林萤火虫的景观	全部	勾起儿时的记忆，使生活在都市的人回归自然，忘记烦恼
28	魔法森林	步道结束阶段，地形缓慢下降	利用3D地画效果，创造森林体验项目	不建议有心脏病人群使用	增强森林趣味感

三、线状布局——"一线"

宝天曼空中森林步道的"一线"并不是指的一条线路，在平面上是一条线形，在空间上具有不同的维度，以空中步道为主线，辅以伸向地面节点的支线，构成空中森林立体步道系统，现对步道的各项要素进行分析。

（一）长度

在森林中运动不仅有森林环境的健康促进作用，还有运动疗法的特殊效果，运动能保持和增进健康，但是过于激烈的运动，不仅会造成骨骼损伤，还会代谢过氧化物造成细胞和脏器损伤，甚至会引发猝死。卫生部认为，每周2次且每次运动30min以上的人，才能称为有运动习惯的人，而学界一般认为，持续时间在20~30min的运动，每周要超过3次，这样才能保持健康。宝天曼空中森林步道总长约2590m，如果不参与节点活动，在空中步道持续运动时间在30min左右，如果中途进行休息和参与活动，步行时间大约为2h左右，步道长度符合人体运动学中健康步行的长度要求。

（二）宽度

一般来说，每个人至少需要60cm宽的步行道，公共步道宽度最小应是120cm（吴明添，2007），由于宝天曼空中森林步道使用群体的特殊性，全程设置无障碍步道形式，步道宽度应满足两个人加一辆轮椅车并行，因此，空中步道宽度设计较宽，一般不低于1.8m，平均宽度为2.5m。

（三）坡度

针对特殊人群设置的步道路线坡度则应按照使用人群特征进行设计，不设阶梯的人行道坡度最大纵坡坡度不应大于 8° 的国际规定（苏娟，2012）。森林疗养步道一般较为平缓，尽量选择地形起伏小、无障碍的线路，因此宝天曼空中森林步道的坡度将控制在 8° 以内，通过立柱的高低调节以及展线延伸的方式来实现。

（四）步道高度

设置不同海拔高度的步道，可以将不同强度的大气辐射、风速和温湿度等生物气象条件作为森林康养手段，宝天曼空中森林步道依据地形高低、林分大小来规划步道的架高程度，在地形坡度较小、树林较小的地段可架高 0~5m；对于地形较陡、成林区，步道需要架高 10~20m；如果坡度较大，有的地段还需要考虑在满足 8% 路面坡度的要求下进行展线设计，因此，步道的高度在 0~20m。

（五）防护设施

空中步道离地面有一定距离，在步道行走是否安全是规划中要考虑的重要问题，本研究旨在建设具有康养功能的步道，防护措施要求不仅要安全，还要体现人体舒适度。本方案步道两边护栏采取网状弹性透明软钢丝的方式，透明网状结构不仅能最大范围地起到保护作用，还不影响观景的效果，护栏高度在 1.2m，符合儿童和坐轮椅人群的安全防护需求。

（六）铺装样式

本方案空中步道采取经久耐用且安全性能较高的钢架结构，路面铺装采用 1.5cm 缝隙的栅格板，不影响轮椅的通行，同时，栅格板具有回弹性，避免在步行中对骨骼造成损伤。这种镂空的铺装形式，可让步道下方的植物充分吸收阳光，不干扰植物的正常生长，也不会产生路面积水的问题，同时还具有防滑作用。

四、面状布局——"五区"

面状空间是由点状空间和线状空间构成的具备完备功能的主题区域，不同的主题区域又构成了整个完整的步道系统。宝天曼空中森林步道分为五个面状空间：森林休闲漫步区、心肺功能舒缓区、森林活动体验区、河谷富氧保健区、森林趣味游乐区。

第五节　分区规划

一、森林休闲漫步区

森林休闲漫步区以漫步和休闲为主，位于步道的起始阶段，地形较缓，步道逐渐升高，曲折蜿蜒而上，使游人在心理上对森林环境和空中步道高度有一个适应的过程。伴随着步道的逐渐升高，视觉落差不断加大，游人的俯视视域面积也随之增大，进而可以欣赏到更多别样的森林景观。在空中步道沿途设置有入口广场、揽植抒怀、松香道场、游木乐园、松针问茶、天曼之巅等节点。入口广场承载疏散人流的作用，同时提供进入步道前检测身体各项指标的仪器。揽植抒怀是借用地面上的珍稀植物园，在空中步道上延伸平台，设置休憩座椅，以宏观的角度欣赏宝天曼的珍稀植物，放松心情。松香道场和松针问茶均位于森林地面上，就地取材，为游人提供亲近自然的场所。游木乐园，以儿童为服务对象，就地取倒木，并经过加固处理，设计成一些游玩的设施，打造儿童乐园（图6-25）。天曼之巅处于曲线蜿蜒上升的缓慢步道与海拔骤高的中间区域，水平间距较小，通过垂直螺旋上升的方式，延长步道的长度，以缓解高差，漫步其中，可以体验到从树冠到树梢移动的过程，感受不同的森林景观，聆听鸟儿的鸣叫，享受自然的乐趣（图6-26）。

图6-25　游木乐园效果图

图6-26　天曼之巅效果图

二、心肺功能舒缓区

心肺功能舒缓区主要包括高阶台地和海拔较高的线性空间，空气洁净度较高，并伴有少量雾气，开展以锻炼心肺功能为主的活动。本区域节点主要有森呼吸、迷幻栈道、仲景养生园、藿香疗人、心肺加油站、康养理疗站、森林呐喊、森林冥想等，其中森呼吸、迷幻栈道、仲景养生园位于高阶台地，森呼吸设置靠背式座椅以练习腹式呼吸，扩大肺活量，改善心肺功能。仲景养生园是依托南阳张仲景的康养文化而构建的养生文化墙，内容以养生为主，旨在传播养生文化。迷幻栈道位于养生文化墙的西侧，悬挑于悬崖之上，呈环形与高阶台地相接，栈道采用玻璃材质，利用玻璃和镜面反射的作用，走在栈道上犹如进入"万花筒"，会产生错乱的方向感和失重世界的感觉，游客只有控制自己的杂念，拥有战胜自我的勇气，才能走出栈道，通过五感的互动体验，尝试进行身体和精神的交流（图6-27）。藿香疗人，是利用芳香疗法手段，在空中步道上设置通向藿香林的味道收集装置，通过管道输送，使藿香的气味达到步道，对人体产生作用，发挥藿香的保健功能，进行嗅觉疗愈（图6-28）。心肺加油站和森林呐喊，是在空中步道上设置平台，在平台上进行呐喊和呼吸的动作，同时，设置标有不同刻度、能显示运动量大小的水银管。康养理疗站是搭建的木屋，有各项身体检测的仪器，处于步道的中心位置，运动一段时间后可检测生理指标的变化情况（图6-29）。森林冥想空间处于空中森林步道的支干上，有一定的私密性，有助于冥想活动的开展。

图6-27　迷幻栈道意向图

图6-28　藿香疗人效果图

图6-29　康养理疗站意向图

三、森林活动体验区

　　森林活动体验区是与森林环境产生互动，通过借助触感，来感受自然的力量。本区域主要节点有足疗步道、林间游弋、森林客厅、森林滑草。足疗步道是通过不同的自然材质，与足底接触产生不同的作用与感受（图 6-30）。林间游弋和森林客厅是在几棵古树之间通过木质栈道相连，使游客可以近距离的观察古树，触摸树皮，感受自然的年轮，体悟生命的真谛，学习自然的胸怀，以积极乐观的心态微笑着面对生活，促进身心健康（图 6-31）。森林滑草地处缓坡区域，空间狭长，开展滑草活动，增强森林体验感。

图6-30　足疗步道效果图

图6-31　林间游弋效果图

四、河谷富氧保健区

　　河谷富氧保健区由上下两层空间构成，下层空间为较深的河谷以及河谷东侧的缓坡，上层空间为河谷上方的高阶台地，彩叶树较多，景色优美，具有高浓度的负氧离子。本区域主要节点有五禽养生、临水栈道、森林太极、森林瑜伽、森林自行车、自然课堂、森林浴场等（图6-32、图6-33）。高阶台地，地势较高，环境噪音较小，适合开展一些舒缓的有氧运动，如：五禽戏、太极、瑜伽运动以及背靠地、两脚向上做脚蹬自行车的动作等，增强体质。在河谷设计临水的木栈道，满足游人亲水需求。在河谷东侧的缓坡上，设计自然课堂场、森林浴场的场所，享受森林美景。

图6-32　森林瑜伽意向图

图6-33　河谷湿地栈道意向图

五、森林趣味游乐区

　　森林趣味游乐区位于步道的结尾部分，同时处在两个酒店之间，是可以独立进行短时间步行的区域。本区域节点主要有千里眼、萤火虫之夜、魔法森林，以趣味性为主。千里眼是在步道上设置可以不同角度望远观察的镜筒，可以追寻森林中动物的踪影（图6-34）。萤火虫之夜是利用太阳能打造的数颗类似萤火虫的灯光，犹如漫天的萤火虫在森林中飞舞，又仿佛漫步在繁星闪烁的星空中，别有一番趣味（图6-35）。魔法森林利用3D地画，结合森林特点，以动物图案为主，白天进行动物的辨识，晚上利用灯光，仿佛进入动物世界，产生与自然的互动，在游乐的同时激发保护森林环境的意识（图6-36）。

图6-34　千里眼效果图

图6-35　萤火虫之夜效果图

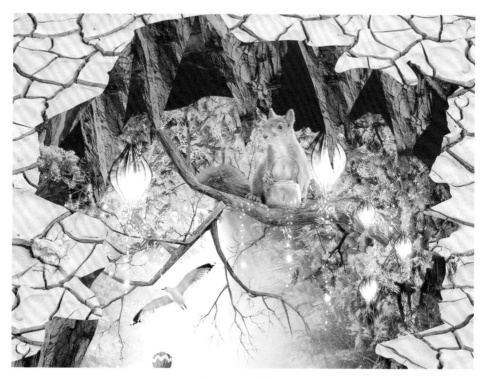

图6-36　魔法森林效果图

第六节　专项规划

一、道路形式规划

（一）曲线盘旋上升式

在步道的起始阶段，地势相对平坦，坡度较小，利用缓坡地形，采用优美的曲线盘旋形式，使步道逐步升高，使体验者在心理上有一个过渡的过程，更加舒适地享受森林环境，体验漫步林端的空间感受（图6-37）。

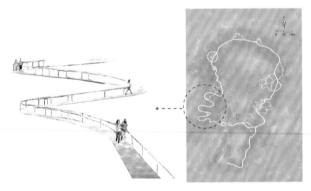

图6-37　曲线盘旋上升式示意图

（二）步道单侧延伸式

在步道的一侧延伸出平台，扩大空间，形成游客停留节点，在平台上可以设置座椅、观景设施、健身设施等，以便游客在此驻足休憩、欣赏风景、交流分享等。这种形式，适用于步道一侧有景，又不影响步道行人运动，平台虽然是步道的延伸部分，但这两个是相互独立的个体，有着不同的功能，互不影响（图6-38）。

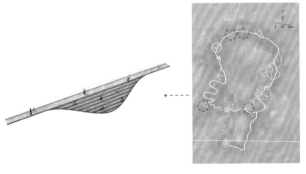

图6-38　单侧延伸式示意图

（三）螺旋上升式

在地形较陡，高差较大的地段采取螺旋上升式的步道形式，可以避免传统的台阶步道形式，实现全程无障碍设计，在解决高差的同时，带来全新的体验感受，从树下到树冠一直到树梢，为森林提供新的视野，享受森林美景（图6-39）。

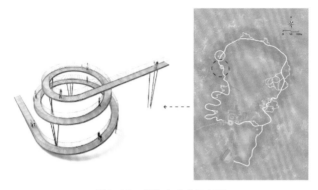

图6-39　螺旋上升式示意图

（四）单侧环形保护式

这种步道形式适用于古树较多，又需要对古树加以保护的地段，是一种比较生态的处理手段，既可以保证古树不被破坏，也能合理地利用古树景观，为游客提供近距离接触古树的机会，使游客能更好地了解到古树知识，提高保护意识，实现自然教育的目的（图6-40）。

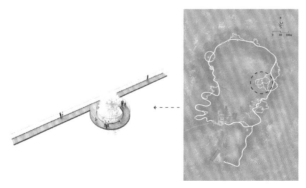

图6-40　单侧环形保护式示意图

（五）复合式

复合式步道具有地面和空中两种不同的体验感，适用于地面有景可用的地段，如图6-5中位置，既有河谷上空彩叶树参天的景观，也有谷底水流波动的景观，采用这种步道形式，既可以在谷底感受到水的活力，也能在上空感受穿越河谷的美景（图6-41）。

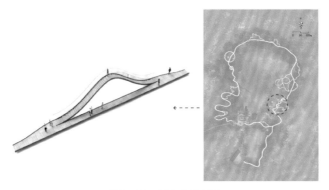

图6-41　复合式示意图

二、标识系统

（一）一级标识

置于步道入口处，展示南阳市宝天曼空中森林步道的宏观内容，主要包括（图6-42）：

图6-42　一级标识效果图

（1）整条步道的平面图、鸟瞰图，以及具有代表性的效果图；

（2）步道的建设用意、设计理念等文字介绍；

（3）步道的建议行走方式及时间等；

（4）景区公众号信息二维码以及抖音、快手等短视频 ID 信息等。

（二）二级标识

置于各个节点处，展示宝天曼空中森林步道各节点的具体信息内容，主要包括（图 6-43）：

图6-43　二级标识效果图

（1）本节点在整条步道上的位置图；

（2）本节点的森林康养主题的内涵介绍及与人体健康的关系；

（3）本节点适宜人群及建议使用方式和时间。

（三）三级标识

置于步道上，展示人体运动信息与森林康养科普信息等，主要包括（图6-44）：

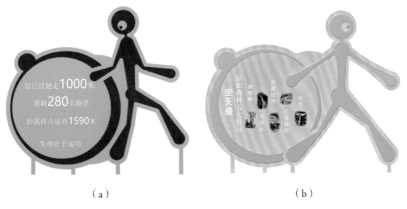

（a）　　　　　　　　　　　　（b）

图6-44　三级标识效果图（作者改绘）

（1）步行行驶点距离起点的距离以及距离终点的距离；

（2）运动所消耗的卡路里，加油打气的鼓励标语；

（3）树木、鸟类、苔藓、风倒木等具有原始森林特点的科普标牌；

（4）人体主要器官的养生方法，森林与人体健康的关系等。

三、康养指数平台系统

主要展示对人体有影响的环境因素，包括气象因素以及对人体敏感的环境因素，气象因素主要包括：温度、湿度、风速、负氧离子浓度等，致敏因素主要有：花粉、蚊虫等。在步道一些重要节点以及途中，放置康养指数显示屏，屏幕显示气象因子数以及花粉地图、蚊虫提示等信息，此外，显示屏上也装有紧急呼叫按钮，对意外情况的发生能采取紧急急救措施，保障游客安全。

四、步道康养效果监测

为证实步道的康养效果，在步道的入口广场、步道中间位置的康养理疗站节点处、步道结束点分别设有可检测人体各项生理指标的相关仪器，通过测量在未进入森林步道时身体指标数值和进入步道运动之后的身体指数数值，可以看出指标前后的变化，得到森林康养步道的效果证明，并且可使游客对自己的身体情况有相应的了解，得到专业的健康指导。

宝天曼空中森林步道的规划建立在对现状场地的充分分析之上，只有对场地有深入的了解，才能使场所精神得以延续。本章对宝天曼空中森林步道进行了总体的规划，有针对性地提出了全民参与、生态和谐、引领健康的定位以及需要遵守的规划原则。在规划定位和规划原则的指导下，对空中步道进行了选线工作，借助 GIS 技术对场地的高程、坡度、景观资源分布进行了直观的绘图分析，选出了最优的线路走向，继而对所选线路的现状资源进行了详细的分析，最后形成了"一线、五区、多点"的规划布局，并从"点、线、面"三个层次进行了详细的规划。最后对空中森林步道的专项部分，从道路形式、标识系统、康养指数平台系统、康养效果监测等四个方面进行了详细的规划。

第七节　生态干扰影响评估与生态保护措施

一、生态干扰影响评估

步道建设过程中会对森林的生态环境造成一定的影响，如植物遭到破坏、生态廊道被占用、森林土质因步道材质而受到污染等。因此，如何在宝天曼空中森林步道的规划与建设过程中降低对森林生态的影响，在保护森林生态系统的基础上合理利用森林资源，使空中森林步道建设与保护森林资源协调发展，是空中森林步道规划中所面临的重要问题，需要对生态干扰影响作出相应的评估。

宝天曼空中森林步道全线长约 2590m，步道所经区域森林资源主要由针叶林、常绿阔叶林、针阔混交林等组成，主要树种有落叶松、华山松、栎树等。由于空中森林步道建设于树木冠层，避免了传统步道修建占用大量林地以及为道路铺设砍伐幼小林木的问题。同时，在施工过程中不动用大型机械，不会对森林植被造成破坏。

宝天曼空中森林步道线路的选取是经过多次现场调研踏查所得，在调研过程中对生态廊道地点做了重点标识，步道所经区域均已避开生态廊道区域，不会产生占用生态廊道的问题。

空中森林步道的开发建设是建立在保护森林生态基础之上的，是与保护森林资源相协调发展的，步道随山体的走势以及森林资源现状而定，不影响整体的森林生态环境。

空中森林步道的建设地点处于自然保护区中的实验区范围内，符合建设地点的要求，不影响自然保护区的生态环境条件。

在空中森林步道的建设理念以及规划内容中，倡导森林生态文化建设，传播保护环境、爱护森林的理念，是对森林生态资源保护的一种方式，体现了本文中的生态建设观念。

综上所述，宝天曼空中森林步道的建设对森林生态干扰影响较小，为了将影响降到最低，在空中森林步道的选线阶段、规划设计阶段、施工阶段、后期维护阶段等均需要采取相应的生态技术措施，以保证在合理利用森林康养资源的同时处理好与生态环境保护之间的关系，使空中森林步道建设与保护森林生态环境相互促进，和谐发展。

二、生态保护措施

（一）植被保护

本项目从选线到规划再到施工，均对现有植被进行了有力保护。在选线过程中，尽量避开树木集中分布的区域，挑选树木自然生长留出的廊道空间，遵循无痕山林的设计理念，避免对树木造成过多的砍伐和破坏。在规划设计过程中，将保护森林生态环境的思想融入设计过程中，通过对规划路径上不同树种、不同年龄的生物栖息地进行评估，对路径所在区域的山体高程、力学承载力等进行计算，得出空中森林步道的架高程度，在大树、古树林区，步道要设在树顶位置，以达到保护古树的目的；在树龄较小，生长茁壮的林区，在避免对植物正常生长造成影响的前提下，可适当降低步道的高度。在施工过程中，从垂直方向和水平方向为树木生长保留应有的空间，保证树木正常生长，对必要的古树进行保护，对于大树无法避开时，采用空中步道路面预留孔洞形式保护古树，实现建筑与自然的融合。

（二）生态廊道保护

美国保护管理协会（Conservation Management Institute,USA）将生态廊道定义为"供野生动物使用的狭带状植被，通常能促进两地间生物因素的运动"（朱强，2005）。虽然空中森林步道可以避免造成森林地面景观破碎化的问题，但是按照景观生态学的要求，要保证线路不干扰动物的迁徙廊道。经过实地调查，本文中的空中森林步道线路所经区域内存在青蛙、眼镜蛇、野兔、野猪等野生动物资源，没有濒危及保护性的物种，而且步道的线路走向均已避开动物的迁徙廊道，并且与迁徙廊道保持一定的距离，保证不影响动物的迁徙。

（三）材料选择与施工方式

空中森林步道的主体部分以及各节点的材质选择上均遵循生态、环保、节约的原则。主体部分采用钢架结构，支撑立柱占用较小地面，避开动物的迁徙廊道，同时，路面采用1.5cm缝隙的栅格板，有利于植物充分吸收阳光，不影响植物的生长。步道采用空中架高的形式，预留动物迁徙空间，以最小的土地占用，获得最大的利用空间，以最小的环境代价，获得最大的生态效益。步道随地形而建，保证不破坏原有风貌，使场所精神得以延续，线性做到尽量舒展，穿梭迂回的折线间角度控制在120°以上，并采用固定模数。

整个空中森林步道的工程建设全部采用人工以及牲畜开挖土方和材料的搬运，支撑步道的立柱采用浅基础人工挖孔桩的方式，不动用任何机械设备。在保证支撑安全的前提下，尽量减小与森林地面的接触面积，并对立柱基部进行稳固，避免产生水土流失，减少对森林生态系统的破坏。

（四）生态修复

在空中森林步道的施工过程中以及土建工程完成以后，开展必要的生态修复，以"近自然林业"理论和"森林生态演替"理论为基础，通过补植、抚育等人工干预措施，使受损的森林生态系统得以修复。在施工过程中对林地产生的材料污染，通过生物修复技术，采用微生物催化降解有机污染物的方式，使土壤中留存的有害材料被清除或转化为无害物质。在空中森林步道的立柱基础开挖施工过程中，对森林中产生的建设创面，见空插绿地采用原生态树种进行修复，人工模拟创建生态植物群落，实施生态性景观恢复，修复创面，保证原有森林生态系统的稳定与健康。

第七章

07

国内外空中森林步道建设案例赏析

　　空中森林步道历来都是一个地方的一道独特风景线，吸引着众多人的目光。本书收集整理了国内外比较著名的十余条空中森林步道作为案例，其中国外以德国搜集较多，国内以福建省居多，从众多案例中细细体味，发现竟特色各异、功能各异、美不胜收。

第一节　国外空中森林步道

一、德国巴伐利亚树顶小径

　　巴伐利亚森林树顶小径建成于 2009 年，当地名为"Baumwipfelpfad"，位于德国巴伐利亚州 oberfränkischen Ebrach 的 Steigerwald 山上。Steigerwald 山区是巴伐利亚州第二大的阔叶森林地区，具有非常良好的森林植被资源。林区内生长着许多古树名木，现存有该州最古老的山毛榉树，大约 300 年树龄，高度可达 40m。这座空中森林步道高约 40m，全长约 1300m，坡度约 6°，建于树腰及森林冠层位置。同时，围绕着三棵约 33m 的巨型杉树建有一处观景塔，呈椭圆形，塔高约 44m，与步道相接，斜坡盘旋蜿蜒向上，总长度约 500m。塔顶端位置设有观景平台，游客可以驻足观赏，欣赏森林的绮丽风光和山峰的辽阔壮美，在晴朗无云的日子，游客甚至能够看到北阿尔卑斯山。为了保证游客的安全，空中森林步道全程采用木质栏杆和透明网保护。另外，为增加空中森林步道的游人参与性与冒险性，共建有三处通向塔顶的木桥和绳梯等，可供人们直接通行至塔顶。

二、德国黑森林树冠步行桥

黑森林树冠步行桥位于德国 Bad Wildbad 的 Sommerberg 山上，该空中森林步道长度约 1250m，最高处距地面可达 20m，为木质结构。空中森林步道沿途增加凸出部位，并设有吊桥等乐趣体验设施，以及森林科普图片说明等。同时，建有一个高约 40m 的观景塔，观景塔为无阶梯环绕平台式，顶部作放大处理，设立观景平台，人们可以在此欣赏到黑森林自然公园茂密的森林景观。观景塔中间建有封闭式螺旋滑道，游人可从观景塔顶端直接滑到底部，增加游览的刺激感。

三、德国奥伯豪森空中步道

德国奥伯豪森空中步道在当地名为 Slinky Springs To Fame，位于德国奥伯豪森市，横跨莱茵河。长度较其他空中步道较短，约 406m，但是却极为引人注目。整个步道采用钢结构，由 496 个钢圈围合，具有绚烂的照明设施。每到夜晚彩灯亮起的时候，人们仿佛进入了一个时光隧道，像行走在玩具桥中一样，充满了梦幻色彩，整个步道显得异常的灵动而充满活力。同时，步道铺装采用塑胶材质，可供跑步健身之用。因此，此空中森林步道成为了游人最喜欢夜游及运动健身的场所之一。

四、亚历山大森林步道和拱桥

新加坡亚历山大森林步道和拱桥是新加坡的标志性建筑，是新加坡最为宝贵的自然遗产大门。起点位于直落布兰雅公园，其中空中森林步道长约 1.6km，全程采用钢结构。亚历山大拱桥跨越亚历山大路，跨度约 80m，高约 15m，与空中森林步道完美结合。另外，空中森林步道与地面的步道形成多处连接，如有需要，游人可随时下至地面步道。空中森林步道将喧嚣的城市与静谧的森林相连接，途径山谷、悬崖、森林、台地等多种地形，吸引人们走向自然，体验森林的宁静。

五、美国阿迪朗达克斯野生步道

阿迪朗达克斯野生步道建于森林之中，是一个非营利组织和自然研究中心，其主要功能在于科普教育，其目的主要是帮助人们探索和了解美国纽约州阿迪朗达克斯的自然环境，将游人带到森林冠层，为森林提供新的视野。野生步道高约 12m，由 Corten 钢柱结构支撑。另外，野生步道上还建有树枝树屋、鸟巢和蜘蛛网等游戏互动设施，使游客能够在游览娱乐的同时，了解森林、融入森林。

六、哥本哈根森林空中走廊

哥本哈根森林空中走廊位于海斯莱乌的 Glisselfeld Kloster 森林中，该森林步道建有 600m 长的空中走廊。空中走廊与螺旋式观光塔相连接，多采用木质结构建设。观光塔约 45m 高，采用耐候钢框架包围，形状如同沙漏，能够在提供结构支撑的同时，最大限度地减少对周围森林植被环境的遮挡，并能够巧妙地与周围的自然环境色调融为一体（侯志强，2018）。空中走廊（图 7-1）的穿行路径分为两个部分，较高的路径从古老的林区穿过，而较低的路径则与年幼的树苗平齐，游客能够全方位地了解到所处的森林环境。另外，空中走廊还设计了露天的看台座椅、鸟舍、循环通道等，给游人带来了不同凡响的景观视觉体验。

图7-1 空中走廊

第二节 国内主要空中森林步道

一、福州市"福道"

福州市森林步道（图 7-2），在当地被称为"福道"，是首个穿越中国东南林区的高架钢制人行步道。"福道"总长约 19km，其主轴线长 6.3km，贯穿整座金牛山，平面示意图如 7-3 所示。"福道"共有 10 个入口，每个入口的设计都与当前福州市的城市网络结构结合，游人可以快速方便地从城市到达森林。步道全线分布着各类便利设施，如休息区、观景台、瞭望台、茶馆等，游人可以通过无障碍通道从步道到达各便利设施。同时，"福道"具有更为智能化的步道网络系统，配有无线网络连接、触摸式信息屏和游客流量监控系统等。在步道的建设结构上，步道网络是一个全地形式模块系统，由 8 块基础平台部件构成，能够适应不同的地形，借助有效的设计方案，步道的两个支柱之间能够达到 14.4m 长的跨度，从而最大限度地减少了建设过程中对森林植被资源的破坏。步道的铺装使用的是钢格栅板，将自然光引向地面，促进了地面植物的生长。

图7-2　"福道"

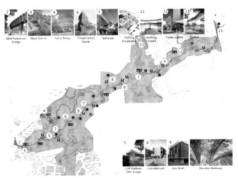

图7-3　"福道"平面图

二、福州市金鸡山揽城栈道

揽城栈道（图 7-4、图 7-5）位于福建省福州市晋安区金鸡山麓金鸡山森林公园内，周围交通便利，可达性强。公园内植被资源丰富，景观宜人，其中揽城栈道长度约 2680m，净宽达 4m，以满足人群同时进行步行、跑步，坡度在 7°~12° 之间，是人们休闲健身的好去处。采用全钢框架体系结构与边坡支护相结合，铺装材质采用生态地砖。揽城栈道沿线设置 12 处主要休息平台，指示牌、标识牌分布广泛，但是形式较为单一。另外，揽城栈道的建设中，在保留原有植物种类的基础上，增加其他植物的种植，以保证景观的完整性与环境的协调性。

图7-4 揽城栈道（a）　　　　　　　　图7-5 揽城栈道（b）

三、龙岩市莲花山栈道

龙岩莲花山栈道（图 7-6）位于福建省龙岩市莲花山公园，采用栈道桥的形式，环莲花山而建，全长约 3.8km，宽 3.5m，采用木质铺装结构，平面图如图 7-7 所示，于 2011 年 5 月建成并开放。莲花山公园素有"城市绿肺"之称，景观优美、负氧离子浓度高，是人们休闲游览的好去处。莲花山栈道沿线设有亭台楼阁，可供游人休息，是游人最喜爱的休闲、锻炼的场所之一，在此举办了多期以"城市竞走"为主题的活动。

图7-6 莲花山栈道　　　　　　　　图7-7 莲花山栈道平面图

四、泉州市山线绿道

泉州市山线绿道工程是依托泉州城市发展需求与基地资源条件，打造的多位一体的绿道系统，全长约 22.5km，总体平面图如图 7-8 所示。山线绿道将泉州优美的自然景观相连，以提升泉州生态环境品质，彰显泉州特色风貌等为主要目的。山线绿道根据沿线地区的自然、人文与城乡特色，尊重场地精神和文脉，打造出经典的绿道系统。山线绿道以相对平坦的路面形成环线的布局，串联起各个公园系统，是对各公园现有配套设施的有力补充。环线主线全程采用无台阶闭合成环的形式，人们可以在上面舒适地快走、慢跑。山线绿道示范段采用空中步道形式，目前已完成建设，包括一条自行车道及一条人行步道，沿线还设置游园、天空栈道（图7-9）、服务点及休憩点等服务设施，现已开放并投入使用。

图7-8　山线绿道总体平面图　　　　　　　　图7-9　天空栈道

五、陕西省黄龙树顶漫步

陕西省黄龙树顶漫步（图7-10）位于延安市黄龙县瓦子街镇，东距壶口瀑布40km，是一座以亲子教育为主题的互动体验式空中森林步道，建立于9660hm^{2}的原始森林之中。黄龙自然条件良好，有"绿色明珠""天然氧吧"的美称，是我国秦岭以北最大的油松针叶林区。树顶漫步的建设将运动和科普教育相融合，步道全程采用无障碍的设计理念，打造"零负担"的出行游览模式，开创了中国互动体验式森林科普自然教育的先河。中国有12.4%的儿童患有"自然缺失症"，树顶漫步便是针对此类人群的特点，运用超前的设计理念，使步道上涵盖了较多的文化元素，有效地将旅游、运动、教育和治愈四者结合起来，通过在步道上设置大量的科普教育设施来开展户外科普教育，从而使孩子更为愉快地获取知识、形成健康的生活方式。

图7-10　树顶漫步

参考文献

北京市园林绿化局，2016. 公园设计规范（GB 51192—2016）[S]. 北京：中国
　　建筑工业出版社 .

包冉，2010. 空气负离子与人体健康 [J]. 科学之友，（4）：97–98.

陈晓扬，2004. 香港空中步道城市设计的启示 [J]. 华中建筑，（2）：80–82，95.

陈杰，孙凯，李燕，2012. 传统民居的居住舒适度调查分析——以浙江衢州为
　　例 [J]. 城市建设理论研究（电子版），（33）.

陈彬华，2014. 关于山地公园的游步道设计分析 [J]. 建筑工程技术与设计，
　　（18）：1372–1374.

陈鸿欣，2015. 生态节约型园林绿化建设实践探索——以龙岩市莲花山栈道建
　　设为例 [J]. 福建农业科技，46（2）：70–73.

丁洪建，2015. 基于 GIS 的国家登山健身步道的建设适宜性评价——以北京昌
　　平国家登山健身步道规划为例 [J]. 城市发展研究，（9）：109–114.

丁洪建，贺剑，2015. 国家登山健身步道线路规划研究：以顺义五彩浅山国家登
　　山健身步道规划为例 [J]. 城市发展研究，（1）：45–50，65.

丁洪建，贺剑，刘剑箫，2017. 中美比较视角下的北京市步道系统规划探索 [J].
　　规划师（2）：98–103.

邓英，许亮，2004. 重庆城市步道人性化生活空间的重塑——重庆市渝中区水
　　厂至长江滨江公园步道环境设计 [J]. 重庆工商大学学报（西部经济论坛），
　　（6）：54–57.

邓树勋，洪泰田，曹志发，1999. 运动生理学 [M]. 北京：高等教育出版社 .

段玉侠，金荷仙，史琰，2018. 风景园林空间冠层遮阴对夏季小气候及人体热
　　舒适度的影响研究 ——以南京军区杭州疗养院为例 [J]. 中国园林，34（5）：
　　64–70.

但新球，1994. 森林公园的疗养保健功能及在规划中的应用 [J]. 中南林业调查
　　规划（1）：54–57.

房城，王成，郭二果，等，2010. 城郊森林公园游憩与游人生理健康关系：以

北京百望山为例 [J]. 东北林业大学学报，38（3）：87-88，107.

付恒阳，2014. 旅游对景区生态的负面影响及景区生态保护研究——以河南宝天曼生态旅游区为例 [D]. 西安：长安大学.

龚梦柯，吴建平，南海龙，2017. 森林环境对人体健康影响的实证研究 [J]. 北京林业大学学报（社会科学版），16（4）：44-51.

国家林业局，2017. 国家森林步道建设规范（LY/T 2790-2017）[S]. 北京：中国标准出版社：3-8.

高淑环，李晓奇，2013. 海明模糊距离法在空气质量评价中的应用 [C]. 第十五届中国青年信息与管理学者大会论文集.

郭晓贝，2012. 郊野公园游步道设计研究 [D]. 北京：首都师范大学.

高岩，2005. 北京市绿化树木挥发性有机物释放动态及其对人体健康的影响 [D]. 北京：北京林业大学.

侯志强，2018. 基于在地性的现代景观建筑设计策略研究——以赤峰市红山公园及南山公园景观建筑设计为例 [D]. 邯郸：河北工程大学.

黄洪海，2012. 浅析园林景观中铺路设计 [J]. 现代园艺，（4）：55.

黄盛磷，2007. 走进园艺治疗的世界 [M]. 台北：心灵工坊：8-16.

黄毓民，2003. 浅谈景区道路设计 [J]. 有色冶金设计与研究，24（3）：29-32.

黄涵锦，陈琳，陈卫平，2017. 福州空中"福道"：让城市在森林中无限蔓延 [J]. 就业与保障，（20）.

黄璐，2010.《黄帝内经》中关于音乐治疗的史料分析 [D]. 长春：东北师范大学.

江海燕，2006. 自然游憩地步道系统规划设计 [J]. 中南林业调查规划，（4）：17-20.

井琛，2011. 基于体能消耗规律的游憩道路设计和管理研究 [D]. 山东：山东大学.

芦原义信（日），尹培桐译（日），2010. 外部空间设计 [M]. 北京：中国建筑工业出版社，6.

蓝勇，1992. 中国古代栈道的类型及其兴废 [J]. 自然科学史研究，11（1）：68-76.

李丽凤，2014. 红树林栈道生态设计初探 [J]. 福建林业科技，41（2）：200-205，227.

李瑞冬，胡玎，2003. 一次游步道的创新设计 [J]. 园林，（12）：10-11.

李沁，2006. 森林公园游步道体验设计的探讨 [J]. 山西林业科技，（03）：55-56.

李君茹，2014. 基于自然主义风格的步道设计探讨：以罗源畲山水步道设计为例 [D]. 福建：福建农林大学 .

李明霞，2018. 基于绿视率的城市街道步行空间绿量视觉评估——以北京市轴线为例 [D]. 北京：中国林业科学研究院 .

李朝晖，黄耀斌，1998. 森林浴治疗精神分裂症 [J]. 中华理疗杂志，21（5）：305-306.

李杨，2013. 郊山健行步道系统设计初探——以台北市周边亲山步道为例 [D]. 北京：北京交通大学 .

李梓辉，2002. 森林对人体的医疗保健功能 [J]. 经济林研究，20（3）：69-70.

李春媛，2009. 城郊森林公园游憩与游人身心健康关系的研究：以福州国家森林公园为例 [D]. 北京：北京林业大学 .

李春媛，王成，贾宝全，等，2009. 福州国家森林公园游客游览状况与其心理健康的关系 [J]. 城市生态与城市环境，22（3）：1-4.

李如生，2005. 美国国家公园管理体制 [M]. 北京：中国建筑工业出版社 .

李沁，2006. 森林公园游步道体验设计的探讨 [J]. 山西林业科技，（3）：55-56.

李璠，2009. 亚历山大拱桥与森林步道，新加坡 [J]. 世界建筑，（9）.

李博，2014，聂欣 . 疗养期间森林浴对军事飞行员睡眠质量影响的调查分析 [J]. 中国疗养医学，23（1）：0.

李成，王波，2003. 城市物理环境与人体健康 [J]. 工业建筑，33（7）：69-71.

林继卿，刘健，余坤勇，等，2010. 灵石山国家森林公园游步道选线研究 [J]. 北华大学学报（自然科学版），（4）：357-362.

林继卿，2009. 基于 GIS 的灵石山国家森林公园游览线路组织研究 [D]. 福州：福建农林大学 .

林琳，邱冠寰，2017. 福建省城市健身步道建设类型研究 [J]. 赤峰学院学报（自然科学版），33（12）：162-165.

林忠宁，1999. 空气负离子在卫生保健中的作用 [J]. 生态科学，18（2）：87-90.

林翔，2016. 山岳型风景名胜区栈道形式营造探讨 [D]. 南昌：江西农业大学，6.

林琼婉，2005. 人居环境与健康关系之研究 [D]. 南京：南京中医药大学.

林冬青，金荷仙，2009. 园艺疗法研究现状及展望 [J]. 中国农学通报，25（21）：220-225.

罗明春，颜玉娟，童显德，2003. 森林公园游道模型初步研究 [J]. 湖南林业科技，（1）：27-28，31.

刘滨谊，范榕，2013. 景观空间视觉吸引要素及其机制研究 [J]. 中国园林，29（5）：5-10.

刘倩，2015. 黄山风景名胜区游步道规划建设研究 [D]. 合肥：安徽农业大学.

刘雅培，2018. 城市森林景观步道规划及设计探究——以福州梅峰山地公园步道景观为例 [J]. 美与时代（城市版），（1）：48-50.

刘静，乔婷，2018. 健身走运动的兴起与演变的综述研究 [J]. 运动，186（10）：12-13.

梁瑛，2007. 现代城市景观铺装设计研究 [D]. 北京：北京服装学院.

陆基宗，2007. "森林浴"：治病·健身·休闲 [J]. 东方食疗与保健（4）：67.

兰思仁，2009. 国家森林公园理论与实践 [M]. 北京：中国林业出版社.

马飞，2006. 森林公园交通道路规划研究 [D]. 福州：福建农林大学.

马越，刘明明，高思华，等，2014. 基于《黄帝内经》五音理论的中医音乐疗法探讨 [J]. 中华中医药杂志，（5）：1294-1297.

马云慧，2010. 空气负离子应用研究新进展 [J]. 宝鸡文理学院学报：自然科学版，30（1）：42-51，64.

蒙晋佳，张燕. 地面上的空气负离子主要来源于植物的尖端放电 [J]. 环境科学与技术，2005，28（1）：112-113.

钱洛阳，2009. 地质公园解说系统构建研究：以崇明岛国家地质公园为例 [D]. 上海：上海师范大学.

郄光发，房城，王成，等，2011. 森林保健生理与心理研究进展 [J]. 世界林业研究，24（3）：37-41.

税晓洁，2008. 绝壁秀水上的史诗——汉江古栈道"考证"与遐想 [J]. 湖北画报：湖北旅游，（4）：38-41.

史靖塬，史耀华，2017. 文化景观视野下的山城步道构成与特征解析——以重庆渝中半岛山城步道为例 [J]. 中国园林，33（9）：120-123.

沈浩，蔡佳宁，李萌姣，等，2017. 中国森林冠层生物多样性监测 [J]. 生物多样性，25（3）：229–236.

邵钰涵，刘滨谊，2017. 城市街道景观视觉美学评价研究 [J]. 中国园林，33（9）：17–22.

申屠雅瑾，郑述强，王惟，等，2010. 城市绿地滞尘作用机理和规律的研究进展 [J]. 生态环境学报，19（6）：1465–1470.

三谷微，高杰，2011. 奥多摩森林疗法之路 [J]. 风景园林（4）：92–96.

树顶漫步 扮靓黄龙山林区——延安市黄龙山林业局创建国家森林公园纪实 [J]. 新西部（上），2017：91.

苏娟，2012. 人性化步道设计研究——以台湾地区为例 [D]. 西安：长安大学 .

谭益民，张志强，2017. 森林康养基地规划设计研究 [J]. 湖南工业大学学报（1）.

涂志川，2004. 园路规划设计浅析 [J]. 福建建设科技（1）：20–21.

吴明添，2007. 森林公园游步道设计研究 [D]. 福州：福建农林大学 .

吴明添，2013. 山地公园游步道设计探讨：以福州市金鸡山公园为例 [J]. 福建建筑，（7）：49–51.

王振东，2017. 传承地域文化的步道景观设计与研究 [D]. 山东：山东建筑大学 .

王冉，白龙，2019. 基于运动系统生理功能的旅游健康步道设计与实践 [J]. 科技创新与应用，（3）：102–104.

王燕玲，2016. 基于森林气候疗法理念的福州市金鸡山公园步道规划研究 [D]. 福州：福建农林大学 .

王小婧，贾黎明，2010. 森林保健资源研究进展 [J]. 中国农学通报，26（12）：73–80.

王国付，2015. 森林浴的医学实验 [J]. 森林与人类（9）：182–183.

王义静，2014. 基于游客感知的宝天曼自然保护区生态科普旅游开发研究 [D]. 河南大学 .

吴涛，2014. 基于运动生理学的山地居住区步行空间规划研究 [D]. 武汉：武汉理工大学 .

吴楚材，吴章文，罗江滨，2006. 植物精气研究 [M]. 北京：中国林业出版社：1–5.

吴楚材，郑群明，2010. 森林医学，人类福祉 [J]. 森林与人类，（3）：11.

吴文贵，2006."森林浴"确实有利健康 [J]. 养生大世界：B 版，（5）：39.

吴立蕾，王云，2009. 城市道路绿视率及其影响因素：以张家港市西城区道路绿地为例 [J]. 上海交通大学学报：农业科学版，（3）：267–271.

温琴香，2018. 山地城市生态园林景观营造——以龙岩莲花山栈道为例 [J]. 福建建材，（4）.

伍业纲，李哈滨，1993. 景观生态学的理论与应用 [M]. 北京：中国环境科学出版社，25–27.

徐克帅，朱海森，2008. 英国的国家步道系统及其规划管理标准 [J]. 规划师，（11）：85–93.

薛静，王青，付雪婷，等，2004. 森林与健康 [J]. 国外医学医学地理分册，25（3）：109–112.

余子义，朱红军，2016. 国内外健身步道发展现状比较研究 [J]. 体育文化导刊，（4）：134–137.

杨铁东，王洪波，夏旭蔚，等，2004. 森林公园中游步道设计探索 [J]. 华东森林经理，18（4）：46–48.

杨国亭，李玉宝，韩笑，2017. 论森林与人类健康 [J]. 防护林科技（6）：1–3.

杨尧兰，米鸿燕，李铭诺，2015. 基于 3S 的森林公园游步道设计应用 [J]. 安徽农业科学，493（24）：166–169.

于鸿飞，2015. 基于 TRIZ 理论的下肢康复机器人功能区设计研究 [D]. 秦皇岛：燕山大学.

严新忠，杨静，郭略，2005. 人体血氧饱和度监测方法的研究 [J]. 医疗装备，18（12）：1–4.

益元，2012. 优质空气有利于人体健康 [J]. 浙江林业（4）：11.

于先进，2012. 传统体育养生思想探析——以《黄帝内经》为例 [D]. 曲阜：曲阜师范大学.

朱晓磊，张晓畅，武鸣，等，2018. 健康步道建设及使用效果调查 [J]. 中华疾病控制杂志，22（1）：70–74.

朱佩娟，周晗，2011. 城市商业外部空间吸引力的物质空间影响因素研究 [C]. 转型与重构——中国规划年会论文集.

张宁，2017. 国家森林公园游憩步道设计研究 [J]. 四川建材，43（11）：55，68.

朱琳，2013. 张家界国家森林公园游步道利用特征研究 [D]. 长沙：中南林业科技大学．

朱琳，付蓉，2013. 张家界国家森林公园游步道利用现状分析 [J]. 企业家天地
（下旬刊），（2）：68-69.

中国林业和草原局 国家公园管理局．中国有了国家森林步道 [EB/OL]，http：//
www.forestry.gov.cn/main/1065/content-1048333.html，2017-11-17/2018-5-19.

中国空气负离子暨臭氧研究学会专家组，2011. 空气负离子在医疗保健及环保
中的应用 [内部资料].

张自衡，唐红，2017. 森林公园游步道景观规划及设计探究——以鬼谷岭森林
公园游步道设计为例 [J]. 现代园艺，（8）：116-119.

张春华，2016. 空中步道在湿地公园中的景观设计研究——以东营市黄河三角
洲湿地景观为例 [D]. 济南：山东建筑大学．

张秀阁，闫克乐，王力，等，2003. 腹式呼吸对皮肤温度影响的初步探讨 [J].
心理科学，26（5）：941-942.

张冠娉，吴越，2012. 基于 GIS 的鹅形山森林公园游步道选线系统的建立 [J].
中外建筑，（5）：111-113.

张自衡，唐红，2017. 森林公园游步道景观规划及设计探究——以鬼谷岭森林
公园游步道设计为例 [J]. 现代园艺，（8）.

张莉萌，杨森，孔倩倩，等，2016. 基于五感疗法理论的休闲养生农业园规划
设计 [J]. 浙江农业科学，57（4）：538-541.

张杰，那守海，李雷鹏，2003. 森林公园规划设计原理与方法 [M]. 哈尔滨：东
北林业大学出版社．

周正芳媛，2011. 现代城市进程中健身步道的生态价值探析 [J]. 艺术与设计
（理论），（6）：90-92.

周密，2016. 居住区慢跑步道设计研究——以青岛市为例 [D]. 青岛：青岛农业
大学．

周政，顾新娣，邱娅，等，1992. 森林浴对几项生理值的影响 [J]. 中国康复
（1）：22-25.

曾曦，2011. 重庆南山登山健身步道景观规划设计研究 [D]. 重庆：重庆大学．

朱怡诺，崔丽娟，李伟，等，2016. 湿地公园游步道设计 [J]. 湿地科学与管理，
12（4）：9-12.

朱怡诺，2017. 湿地公园游步道景观设计研究 [D]. 北京：中国林业科学研究院．

朱晓磊，张晓畅，武鸣，等，2018. 健康步道建设及使用效果调查 [J]. 中华疾病控制杂志，22（1）：70-74.

朱强，俞孔坚，李迪华，2005. 景观规划中的生态廊道宽度 [J]. 生态学报，25（9）：2406-2412.

中国登山协会，2010. 国家登山健身步道标准（NTS 国家标准 0708）[S].

周涛，2008. 居住小区绿地的人性化景观设计研究 [D]. 泰安：山东农业大学.

卓东升，2005. 医院环境园林绿化与肿瘤病人康复治疗关系初探 [J]. 福建医药杂志，27（4）：12-13.

张向华. 尼泊尔的国家公园和自然保护区的介绍 [J]. 中国园林，2006，22（9）.

Appalachian Trail Conservancy. History[EB/OL]. http://appalachiantrail.org/home/about-us/history，2013-06-03/2018-08-02.

American HiKing Society. National Trails Day History [EB/OL]. https://americanhiking. org/national-trails-day/，2013-04-09/2018-05-18.

Armstrong L，2006. ACSM's guidelines for exercise testing and prescription/American College of[M]. Lippincott Williams & Wilkins，Philadelphia.

Angioy A M，Desongus A，Barbarossa I T，2003. Extreme sensitivity in an olfactory system[J]. Chemical Senses，28（4）: 279 - 284.

Brownson R C，Housemann R A，Brown D R，et al，2000. Promoting physical activity in rural communities-Walking trail access, use, and effects[J]. American Journal of Preventive Medicine，18（3）：235-241.

Beckett K F，Smith T G，2000. Effective tree species for local air quality management[J]. J. Arboric，26（1）：12-19.

Buchbauer G，Jirovetz L，1994. Aromatherapy-use of fragrances and essential oils as medicaments[J]. Flavour and Fragrance Journal，9（5）: 217-222.

Charles I. Zinser，1995. Outdoor Recreation：United States National Parks，Forests，and Public Lands[M]. United States：John Wiley and Sons Ltd.

Clark D A，Clark D B，1994. Climate-induced annual variation in canopy tree growth in a Costa-Rican tropical rain-forest[J]. Journal of Ecology，82：865-872.

Clark D A，Clark D B，2001. Getting to the canopy：Tree height growth in a neotropical rain forest[J]. Ecology, 82: 1460-1472.

Chy-Rong Chiou, Wei-Lun Tsai, Yu-Fai Leung, 2010. A GIS-dynamic segmentation approach to planning travel routes on forest trail networks in Central Taiwan[J]. Lanscape and Urban Planning, 97: 221-228.

Chen K M, Mariah S, Kathleen K, 2002. Translation and equivalence: the profile of mood states short form in English and Chinese[J]. International Journal of Nursing Studies, 39 (6): 619-624.

Cole D N, 1981. Vegetational changes associated with recreational use and fire suppression in the Eagle Cap Wilderness, Oregon: Some management implications[J]. Biological Conservation, 20 (4): 247-270.

Dorit K H, Marjolein E, Jan H, et al, 2010. The development of green care in western European countries[J]. The Journal of Science and Healing, 6 (2): 106-111.

Dale D, Weaver T, 1974. Trampling Effects on Vegetation of the Trail Corridors of North Rocky Mountain Forests[J]. Journal of Applied Ecology, 11 (2): 767-772.

Emilio T, Nelson B.W, Schietti J, et al, 2010. Assessing the relationship between forest types and canopy tree beta diversity in Amazonia[J]. Ecography, 33: 738-747.

Ewert A, 1986. Values, benefits and consequences in outdoor adventure recreation. In:A literature review:President's Commissionon American Outdoors[M]. Washington DC:Gov.Printing, 71-80.

Eagle, P F J, 1993. Park legislation in Canada[A].In:Dearden, P. (eds). Parks and protected areas in Canada: Planning and Man-agement[C]. Toronto: Oxford University Press, 154-184.

Gordon P M, Zizzi S J, Pauline J, 2004. Use of a community trail among new and habitual exercisers: a preliminary assessment[J]. Preventing Chronic Disease, 1 (4): 1-11.

Gorsuch R L, 1983. Factor Analysis (the 2nd Edition) [M]. Hillsdale.NJ: Lawrence Frlbaum Associates, 142.

Grahn P, Stigsdotter U, 2003. Landscape planning and stress[J]. Urban Forestry &

Urban Greening, 2（1）: 1-18.

Gonzalez M T, Hartig T, Patil G G, et al, 2009. Therapeutic horticulture in clinical depression: A prospective study[J]. Research and Theory for Nursing Practice, 23（4）: 312-328.

Grenier D, Kaae B C, Miller M L, et al, 1993. Ecotourism, landscape architecture and urban planning[J]. Landscape and Urban Planning, 25（1-2）: 1-16.

Hesselbarth W, Vachowski B, 2004. Trail Construction and Maintenance Notebook[R]. Washington, DC: United States Department of Agriculture, 1-134.

Harrison R M, Yin J, 2000. Particulate matter in the atmosphere: Which particle properties are important for its effects on health[J]. The Science of the Total Environment, 24（9）: 85-101.

Hendee, John C'C Lucas Robert, l973. Mandatory wilderness permits:a necessary management tool[J]. Joumal of Forestry, （4）: 206-209.

HawkinsL H, Barker T, 2011. Air ions and human performance[J]. Ergonomics, 1978, 21（4）: 73-82. male subjects[J]. Public Health, 125（2）: 93-100.

Iwam A H, Ohmizo H, Furuta S, et al, 2002. Inspired superoxide anions attenuate blood lactate concentrations in postoperative patients[J]. Critical Care Medicine, 30（6）: 1246-1249.

Joan A T, 2007. Negative ions may offer unexpected MH benefit[J]. Psychiatr News January, 42（1）: 25.

Jan H, Majken V D, 2006. Farming for health across Europe: Comparison between countries, and recommendations for a research and policy agenda[M]. Netherlans: Springer Press: 345-357.

J.O, 1983. Simonds Landscape Architecture[M]. McGraw Hill book Company.

J.O, 1978. Silmonds Earthscape[M]. McGraw Hill book Company.

Kasetani T, 2009. Physiological effects of forest recreation in a young conifer forest in Hinokage Town, Japan[J]. Silva Fennica, 43（2）: 291-301.

Lowman M D, Schowalter T D, 2012. Plant science in forest canopies—the first 30 years of advances and challenges（1980-2010）[J]. New Phytologist: 194, 12-27.

Lee J，Park B J，Tsunetsugu Y，et a，2011l. Effect of forest bathingon physiological and psychological responses in young Japanese male subjects[J]. Public Health，125（2）: 93–100.

Li Q，Kawada T，2011. Effect of forest therapy on the human psycho–neuro–endocrino–immune network[J]. Nihonseigaku Zasshi Japanese Journal of Hygiene，66（4）: 645–50.

Li Q，2010. Effect of forest bathing trips on human immune function[J]. Environmental Health and Preventive Medicine，15（1）: 9–17.

L，1971. McHarg Design with Nature[M]. Natural History Press Company.

Michael C Y，2010. Andrew M H.Evaluation of a horticultural activity program for persons with psychiatric illness[J]. Hong Kong Journal of Occupational Therapy，20（2）: 80–86.

Miyazaki Y1，Park BJ，LeeJ，2011. Nature Therapy//Osaki M，Braimoh A，Nakagami K. Designing ourfuture: Perspectivers on bioproduction，ecosystems and humanity.United Nations University Press: 407–412.

Namni G，Michael T，Jiuan S T，et al，2005. Controlled trial of bright light and negative air ions for chronic depression[J]. Psychol Med，35（7）: 945–955.

National Park Service. What is a Trail[EB/OL]. http://www.nps.gov/nts/nts_faq.html，2014–06–03.

Naveh Z，Lieberman A S，2013. Landscape ecology: theory and application:Springer Science & Business Media，8–11.

Ozanne C M P，Anhuf D，Boulter S L，et al，2003. Biodiversity meets the atmosphere: a global view of forest canopies[J]. Science，301: 183–186.

Oh D M，Jang E J，So I S，et al，2006. Analysis of therapeutic programs according to participants in paper published on horticultural therapy in Korea[J]. Korean Journal of Horticultural Science & Technology，24（1）: 104–109.

Ohtsuka Y，Yabunaka N，Takayama S，1998. Shinrin–yoku（forestair bathing and walking）effectively decreases blood glucose levels in diabetic patients[J]. International Journal of Biometeorology，41（3）: 125–127.

Pandolf K B，Givoni B，Goldman R F，1997. Predicting energy expenditure with loads while standing or walking very slowly[J]. Journal of Applied Physiology，43

（4）：577–581.

Rees W G，2004. Least–cost paths in mountainous terrain[J]. Computer & Geosciences，30（3）：203–209.

Rice J S，Remy L，1998. Impacts of horticultural therapy on psychosocial functioning among urban jail inmates[J]. Journal of Offender Rehabilitation，26（3–4）：169–191.

Share America [EB/OL]. https://share.america.gov/zh– hans/?s=%E5%9B%BD%E5%AE%B6%E6%AD%A5%E9%81%93，2014–03–25/2018–5–18.

Stephen M K，1997. A public healthy approach to evaluating the significance of air ion[D]. San Antonio: The University of Texas Healthy Science Center.

Suzuki S，Yanagita S，Amemiya S，et al，2008. Effects of negative air ions on activity of neural substrates involved in autonomic regulation in rats[J]. International Journal of Biometeorology，52（6）：481–489.

The White House. Special Message to the Congress on Conservation and Restoration of Natural Beauty [EB/OL]. http://www.presidency.ucsb.edu/ws/?pid=27285，1965–02–08/2018–08–07.

TES RESEARCH&CONSULTINGLTD，1980. Alberta roads environment design guidelines[J]. Canada: 3–1~3–15.

Yamada Y. Soundscape–based forest planning for recreational and therapeutic activities[J]. Urban Forestry & Urban Greening，5（3）: 131–139.

附　录

附录A　空中森林步道规划与设计实地调查问卷设计

调查时间：＿＿＿＿＿　　　　调查地点：＿＿＿＿＿

第一部分：基本调查

1.您的性别：

A：男性　　　　　B：女性

2.您的年龄：

A：20岁及以下　　B：2~40岁　　C：41~60岁　　D：61岁及以上

3.您最喜欢什么时候到：

A：上午（6：00~11：00）　　　　　B：中午（11：00~14：00）

C：下午（14：00~19：00）　　　　　D：晚上（19：00~23：00）

4.您每次的游览时间是多久呢？

A：两小时以内　　B：半天　　　　C：一天

5.您喜欢的步道类型是：

A：平地游步道　　B：登山步道　　C：空中步道　　D：水上步道

6.您喜欢的空中森林步道建设形式是：

A：坡地式　　　　B：阶梯式

7.您喜欢的空中森林步道材质是：

A：石质　B：木质　C：钢铁材质　D：玻璃材质　E：橡胶材质　F：其他

第二部分：访谈问题

1.您认为空中森林步道与一般步道相比，有哪些突出特点？

2.您最喜欢步道的哪个位置，为什么？您最不喜欢的是哪里，为什么？

3.您认为空中森林步道建设最重要的因素是什么？

4.您认为空中森林步道应具备哪些功能？

5.您认为空中森林步道的建设必须具备哪些配套设施？

6.您认为最理想的空中森林步道是什么样的？您对此有何建议？

附录B　空中森林步道规划与设计网络调查问卷设计

一、您的基本信息

1.您的性别：

A：男性　　　　　B：女性

2.您的年龄：

A：20岁及以下　　　B：2~40岁　　　C：41~60岁　　　D：61岁及以上

3.您的文化程度：

A：初中及以下　　　B：高中　　　C：本科或大专　　　D：研究生及以上

4.您的职业：

A：学生　　　B：务农　　　C：行政机关、事业单位人员　　　D：企业职员

E：个体经营者　　　F：退休人员　　　G：其他

二、您对于空中森林步道的了解情况

1.您了解空中森林步道吗？

A：是　　　B：否

2.您知道我国的空中森林步道有哪些吗？请列举出来。

A：知道，名称：_____　　　　　B：不知道

3.您去过哪些空中森林步道？

A：是，名称：_____　　　　　B：否

三、您的喜好及需求调查

1.您认为空中森林步道的选址最好是在哪里？

A：城市近郊风景区　　B：城市远郊风景区　　C：城市中心山体公园

2.您能接受的空中森林步道建设地点距您的常驻地的车程最多是多长时间呢？

A：30min以内　　　B：30~60min　　　C：60~90min　　　D：90~120min

E：120min以上

3.您认为空中森林步道应具备哪些功能：（可多选）

A：景观功能　　B：运动健身功能　　C：康养功能　　D：科普教育功能

E：其他

4.您认为在空中森林步道游览，最重要的是什么：_____

A：步道周围自然风景是否秀丽，野生动植物资源是否丰富

B：步道人文历史是否丰富

C：步道的康养、健身系统是否完善

D：步道的休憩设施是否充足

E：其他

5.您最喜欢一天中的什么时间游憩锻炼：

A：上午（6：00~11：00）　　　　B：中午（11：00~14：00）

C：下午（14：00~19：00）　　　　D：晚上（19：00~23：00）

6.您认为最舒适的游览活动时间是多长？

A：1个小时以内　　　B：1~2个小时　　　C：2~3个小时

D：3~4个小时　　　E：更多

7.您一般喜欢以一下那种方式游览？

A：独自一人　　B：与朋友一起　　C：与家人一起　　D：其他

8.您最喜欢什么季节去？（可多选）

A：春季　　　B：夏季　　　C：秋季　　　D：冬季

9.您喜欢的空中森林步道建设形式是：

A：坡地式　　　　B：阶梯式　　　　C：坡地和阶梯结合

10.您喜欢的空中森林步道建设走线形式是：

A：直线型　　　　　B：曲线型　　　　C：其他

11. 您喜欢的空中森林步道主要铺装材质是：

A：石质   B：木质   C：钢铁材质

D：玻璃材质   E：橡胶材质

F：其他 _____

12. 您喜欢的空中森林步道特色铺装材质是：

A：草皮、树皮、树桩等自然素材   B：卵石、陶砖等硬性素材

C：夜光材质

D：其他 _____

13. 您喜欢的空中森林步道主调色彩是：

A：鲜艳明亮的暖色调，如：红色、黄色、橙色等

B：沉稳大气的冷色调，如：绿色、紫色、蓝色等

C：中间色调，如：灰色、紫色、白色等

D：其他

14. 您认为空中森林步道必备的周边景观有哪些？

A：山体景观　　　B：水体景观多样　　　　C：植被种类丰富　　　　D：其他

15. 您认为最合理、舒适的空中森林步道长度是多少呢？

A：1km 以内　　　　　　B：1~2km　　　　　　　C：2~3km

D：3~4km　　　　　　　E：4~5km　　　　　　　F：5km 以上

16. 您认为最合理、舒适的空中森林步道宽度是多少呢？

A：0.6m（一人通行）　　　B：1.5~2.6m（2~3 人通行）

C：2.2~3.6m（2 人、1 轮椅 ~3 人、1 轮椅通行）　　　D：3.6m 以上

17. 您认为最合理、舒适的空中森林步道休憩座椅分布距离是多少呢？

A：100m 以内　B：100~150m　C：150~200m　D：200~250m

E：250~300m　F：300m~350m　G：350m 以上

18. 您认为最合理、舒适的空中森林步道休憩驿站分布距离是多少呢？

A：300m 以内　B：300~400m　C：400~500m　D：500~600m

E：600~700m　F：700m~800m　G：800m 以上

19. 您认为最舒适的空中森林步道的覆盖度是多少呢？

A：大于 90%，步道全线基本全部处于冠层覆盖之下，密闭度高

B：70% 左右，大部分步道处于冠层覆盖之下

C：50 左右，约一半处于冠层覆盖之下，一半未覆盖，处于开敞状态

D：30% 左右，少部分处于冠层覆盖之下

E：小于 10%，步道全线基本全部处于冠层之上，开敞度高

20.您认为空中森林步道应具备哪些基础设施：(可多选)

A：照明设施　　B：卫生间　　　C：垃圾桶　　　D：座椅

E：亭子等遮阳避雨设施　　F：应急通讯设施　　　G：直饮水装置

H：自助贩卖机　　I：其他

21. 您认为空中森林步道应具备的服务设施有那些:（可多选）

A：便利店　　　B：餐饮　　　　C：医疗服务站　　　D：能量供给站

E：康养理疗站　　　　　F：观景平台　　　　　G：科普教育站

H：运动健身设施　　　　I：其他

22. 您认为空中森林步道应具备哪些标识:

A：步道平面示意图　B：宣传标识　C：距离告示牌　D：地面距离标识

E：科普知识宣传牌　F：安全警告牌　G：其他

23. 您更希望通过什么方式了解步道的相关信息:

A：发放宣传册　　　B：多设立标识牌　　　C：通过手机设备推送

24. 您认为最理想的空中森林步道是什么样的？您对空中森林步道的建设有何建议？